北极探险大事记

1576年

马丁·弗罗比舍带队寻找西北航道，首次登陆巴芬岛

1596年

威廉·巴伦支发现斯匹次卑尔根群岛

1610年

亨利·哈
发现哈德
逊湾

1888年

南森探险队首次由东向西穿越格陵兰岛

1897年

所罗门·安
等人尝试乘
气球飞越北

1905年

阿蒙森完成西北航道的全部航程

19

皮
到

阿蒙森探险队
到达南极点

1911年

1912年

道格拉斯·莫森
发现丹尼森角

沙克尔顿探险队
到达南纬88° 23′

1909年

1909年

埃奇沃斯·大卫、道
格拉斯·莫森和阿利
斯泰尔·麦凯到达南
磁极点

1902年

斯科特探险
队到达南纬
82° 17′

首批女性乘飞机
抵达南极点

1969年

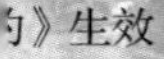

约》生效

1989年

维多利亚·莫登和雪
莉·梅茨成为首批徒
步到达南极点的女性

1841年

詹姆斯·克拉克·罗斯发现维多利亚地

1898年

阿德里安·德·杰拉什与探险队成员成为首批在南极越冬的人

1840年

查尔斯·威尔克斯发现威尔克斯地

1899年

卡斯滕·博克格雷温克到达南纬78° 50′

1935年

林肯·埃尔斯沃斯驾驶飞机横穿南极大陆，发现埃尔斯沃斯山

1955年

苏联在南极建立米尔尼科考站

1957年

维维安·福克斯探险队成功由陆路横穿南极大陆

1961年

《南

1616年

威廉·巴芬发现巴芬湾

1741年

维他斯·白令发现阿拉斯加南海岸

1827年

威廉·帕里到达北纬82° 45′

1831年

詹姆斯·克拉克·罗斯首次到达北磁极点

1845年

富兰克林探险队在探险途中失去踪迹

1872年

朱利叶斯·冯·佩耶和卡尔·韦普雷希特发现弗朗茨·约瑟夫地

1875年

乔治·斯发现斯海峡

阿蒙森乘“诺格”号飞越北极点

1926年

1926年

声称自己极点

理查德·伯德和弗洛伊德·贝内特驾驶飞机绕飞北极点

1937年

苏联建立苏联北极第1号浮冰漂浮站

1829年

约翰·罗斯发现布西亚半岛

1876年

阿尔伯特·马卡姆到达北纬83° 20′

1881年

詹姆斯·B.洛克伍德到达北纬83° 24′

1882-1883年

第一个国际极地年，极地考察从探险时代进入科学考察时代

美国海军驾驶核动力潜艇“鹦鹉螺”号在冰层下到达北极点

1958年

1986年

安·班克罗夫特成为首位徒步到达北极点的女性

南极探险大事记

1773年

詹姆斯·库克与探险队成员成为首批穿越南极圈的人

1819年

威廉·史密斯发现南设得兰群岛

1823年

詹姆斯·威德尔首次到达南纬74° 34′ 并发现威德尔海

1831年

约翰·比斯
发现恩德比
和格雷厄姆

1912年

斯科特探险队到达南极点

1929年

伯德驾驶飞机飞越南极点

“极地人文地理”丛书
曲 枫 主编

A
SHORT HISTORY
OF
POLAR
EXPLORATION

极地探险简史

[英]
尼克·雷尼森
—著—

王丽英
—译—

江苏凤凰文艺出版社
JIANGSU PHOENIX LITERATURE AND ART PUBLISHING

图书在版编目（CIP）数据

极地探险简史 / (英) 尼克·雷尼森 (Nick Rennison) 著 ; 曲枫主编 ; 王丽英译. -- 南京 : 江苏凤凰文艺出版社, 2024. 9. -- (“极地人文地理”丛书 / 曲枫主编). -- ISBN 978-7-5594-8725-4

Ⅰ. N816.6-49

中国国家版本馆 CIP 数据核字第 2024M7A424 号

© Nick Rennison, 2013

First published in 2013 by Pocket Essentials, an imprint of Oldcastle Books Ltd, Harpenden, UK.
www.pocketessentials.com
Published by arrangement through Rights People, London.

著作权合同登记号 图字：10－2024－168 号

极地探险简史

[英] 尼克·雷尼森 著
王丽英 译

主　　编　曲　枫（“极地人文地理”丛书）
出 版 人　张在健
策划编辑　张　遇
责任编辑　费明燕
特约编辑　叶姿倩
校　　对　赵卓娅
书籍设计　宝　莉
封面设计　潇　枫
责任印制　杨　丹
出版发行　江苏凤凰文艺出版社
　　　　　南京市中央路165号，邮编：210009
网　　址　http://www.jswenyi.com
印　　刷　南京爱德印刷有限公司
开　　本　880毫米 × 1230毫米　1/32
印　　张　7.25
字　　数　175千字
版　　次　2024 年 9 月第 1 版
印　　次　2024 年 9 月第 1 次印刷
书　　号　ISBN 978-7-5594-8725-4
定　　价　49.80 元

江苏凤凰文艺版图书凡印刷、装订错误，可向出版社调换，联系电话 025-83280257

极地探险是最干净、

最与世隔绝的消遣方式。

—— 阿普斯利·谢里-加勒德

我们过着光怪陆离的生活。

生活中危机四伏，

但同样充满美好与精彩。

——艾萨克·伊斯雷尔·海耶斯

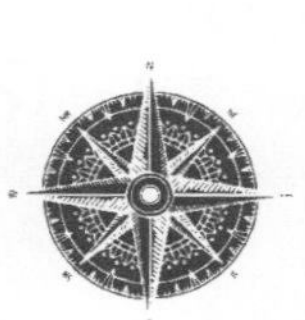

目录

主编说

中国人的极地『探险』

1596年，荷兰探险家巴伦支在北冰洋中发现了一组岛屿，遂命名为“斯瓦尔巴”（又称斯匹次卑尔根群岛），意为“寒冷的海岸”。其中的一座岛屿直接以他的名字命名，即巴伦支岛。

1920年，英国、美国、丹麦、挪威、瑞典、法国、意大利、荷兰、日本等18个国家和地区签订了《斯瓦尔巴条约》（又称《斯匹次卑尔根条约》）。1925年，又有33个缔约方加入条约，其中包括中国。条约虽然承认挪威对群岛具有主权，但缔约方公民可自由进入该岛从事经济活动。

签约的段祺瑞政府并未想到这份条约对100年后的中国有着怎样的意义。虽然1957年由王铁崖主编的《中外旧约章汇编》中辑录了这一条约，然而国人对此多不知情。

1984年11月，中国首次南极洲考察队乘坐“向阳红10”号船和海军J121号船从上海出发，于12月26日到达南极洲南设得兰群岛的乔治王岛。

1985年2月，中国在乔治王岛上正式建成长城极地生态国家野外科学观测研究站，标志着中国对极地的考察拉开序幕。

1989年，中国在南极建立了第二座科考站——中山站。

1991年，中国科学院大气物理研究所科学家高登义教授应挪威卑尔根大学邀请，参加由挪威、苏联、中国和冰岛四国科学家组成的国际北极科学考察活动。在卑尔根大学赠书《北极指南》中，高教授惊讶地发现，中国原来是《斯瓦尔巴条约》的缔约方之一，这意味着中国与其他缔约方一样有权在斯匹次卑尔根群岛上建立科学考察站。

回国后，高教授马上向中国科学院领导汇报此事，并提出在斯匹次卑尔根群岛建立科考站的想法，此举得到了中科院的全力支持。1991年9月，中国科学探险协会与挪威卑尔根大学签订了有关中挪北极与青藏高原合作科学考察的意向书，为中国被国际学术界接纳、进行北极科学考察并建立科考站奠定了基础。

1995年12月，中国科学院正式加入国际北极科学委员会（The International Arctic Science Committee，简称 IASC）。1999年7月1日至9月9日，中国进行了首次北极科学考察，获得了冰芯、表层雪样、浮游生物、海水等珍贵样品和相关数据资料。实际上，中国的南极考察早在20世纪80年代就已开始，中国北极科学家此时已经积累了丰富的极地考察经验。

2004年，中国北极黄河站在斯匹次卑尔根群岛上的新奥尔松正式建立，成为继长城站和中山站后第三座中国极地科考站。

总体来说，中国对北极的考察分为两种，一是国家组织的自然科学考察，二是个人自发的人文考察。

时至今日，中国已经在北冰洋进行了13次科学考察。

2023年7月12日，中国第13次北冰洋科学考察队乘坐“雪龙2”号极地科考破冰船从上海出发，向北冰洋进发，进行北冰洋大气、海冰、海洋和地质环境调查，生物和资源调查以及污染物监测。9月5日，考察队抵达地球的最北端——北极点区域。这是中国科考船首次抵达北极点开展科学调查与研究工作。9月27日，考察队返回上海，完成了中国首次大规模在北极点区域进行科学考察的壮举。而在此之前，中国人对北极点区域的考察规模只限于个体或小组。

第一个到达北极点的中国人是新华社记者李楠。1958年，他作为新闻记者乘坐苏联飞机，分别在苏联北极第7号浮冰站和北极点着陆，进行了北极考察。

1995年4—5月，由中国科协和中国科学院组织、南德集团赞助的七人北极考察队在乘飞机到达加拿大北部北纬88°附近区域后，徒步加乘雪橇到达极点，收集了有关大气和冰雪的数据。这是中国人自己组织的首次北极点科考活动。

1998年7—8月，国家海洋局组织了四人北极考察团，乘坐俄罗斯破冰船“苏维埃联盟”号从摩尔曼斯克出发进入北极点地区，为中国北极科考选择航线。

在北极探险的中国人行列中，还有自发的个体探险家。其中，特别值得介绍的是徐力群和潘蓉夫妇。

徐力群是摄影家，黑龙江人。1970年他从哈尔滨师范大学毕业后，在大兴安岭地区中学任教，后在文化部门工作多年，对当地的鄂伦春文化十分着迷，拍摄了大量照片。1986年9月，40岁的徐力群骑三轮摩托自黑河出发，只身一人驶往西北，开启了为期五年的“中国边陲万里行”活动。1995年开始，他与妻子潘蓉一起，对中国的鄂伦春族和北极的因纽特人的文化进行了比较研究。他们自筹经费，三年中三次至北极考察，足迹遍布丹麦、挪威、加拿大、芬兰、瑞典、冰岛、美国七个国家，出版了《在地球顶部——风雪格陵兰》等著作。1998年，徐力群因病无法继续北极探险壮举，2002年在加拿大去世，让人不禁为英雄的早逝而扼腕长叹。

很快，又有一位同样来自黑龙江的摄影家接续了徐力群的探险事业。王建男，曾任哈尔滨日报社社长、哈尔滨市摄影家协会主席。自2005年开始，他与夫人吕晓琦一起，进行“环北极人文生态摄影观察”，至今已25次进入北极地区，考察了北极地区186个原住民居住地和生态区，在国内各大城市多次举办以北极人文为主题的摄影展。他还出版了《北纬66度》《北极视觉日记·勒拿河上》《北极视觉日记·猎鲸白令海》《北极视觉日记·最后的游牧》等多部北极考察纪实专著。2014年12月，他摄自格陵兰岛卡纳克村附近的作品《鲸湾·格陵兰·2013》在北极理事会举办的国际摄影大赛中获得“人文类”冠军。2015年10月，北极理事会在雷克雅未克会展中心举办获奖作品展，将这一照片展示在主席台最前列。摄影大赛评委会如是评价道：“这幅照片真实生动地记录了当今北极地区正在消失的文明与生态元素，包括职业猎人、狗拉雪橇和冰面上的雪山。”

有趣的是，去往北极的时间上未曾重合的两位探险家曾以一种特别的方式在世界尽头“相遇”。

2013年4月28日，王建男在格陵兰岛卡纳克村应村民乌萨卡克夫妇的邀请在其家中共进晚餐。席间，乌萨卡克忽然想起一事，起身找出一张名片。王建男定睛一看，竟是徐力群的英文名片。乌萨卡克的妻子英格回忆说，那是1995年，徐力群夫妇曾在他们家中暂住过两三天。

在徐力群之后还有一位在北极探险、做文化比较研究的中国人，那就是画家、博物馆学专家、中国民族博物馆研究员白英先生。与徐力群不同的是，白英本身就是鄂伦春人，在大兴安岭的白桦林中度过童年。据白英回忆，两人曾有过交集，徐力群的照片中也出现过他的身影。

自2003年起，中国民族博物馆和鄂伦春基金会启动了鄂伦春文化保护工程。白英受托在大兴安岭的鄂伦春人居住地区征集民族文物，足迹遍布鄂伦春各个乡村。2013年开始，白英再次受中国民族博物馆委托，北上西伯利亚收集民族文物，以比较中国鄂伦春、鄂温克文化与北极原住民文化的异同。在2013—2019年的七年时间里，白英每年两三次去往西伯利亚，每次考察二三十天不等，走遍了西伯利亚地区的各个民族村落。他造访的北极原住民群体包括楚克奇人、科里亚克人、埃文基人（即俄罗斯的鄂温克人）、尼夫赫人、那乃人（即俄罗斯的赫哲人）、雅库特人、汉特人、涅涅茨人和萨米人。他曾到达西伯利亚东端的堪察加半岛以及楚克奇半岛，也曾深入俄罗斯的西北角落，造访萨米人的村落。他遵照中国民族博物馆的要求，为馆方征集了大量文物，同时也自费收藏了许多物件。如今，他的个人收藏已成为鄂伦春民族博物馆、根河市敖鲁古雅鄂温克族驯鹿文化博物馆的珍贵陈列品。

与摄影家徐力群和王建男搭乘飞行器的旅行方式不同，本行是画家的翟墨则以航海的方式探索北极。

被誉为“环球航海中国第一人”的翟墨曾于2007—2009年，历时两年半，完成了自驾帆船环球航海一周的壮举，这也是他坊间称号的由来。

2021年6月30日，翟墨自任船长，带领两名船员，从上海启航，驾驶帆船开启“2021人类首次不停靠环航北冰洋”活动。帆船自白令海峡进入北冰洋，在完成北极东北航道的航程后，进入大西洋和加勒比海，通过巴拿马运河进入太平洋，然后横跨太平洋，于2022年11月15日返回上海。此行共历时504天，航程2.8万余海里（1海里约为1852米）。荣幸的是，笔者在这一活动中担任航行安全保障组的专家。

尽管科技水平已今非昔比，翟墨的北冰洋之旅仍然像前辈探险家一样多次面临险境。船只在刚进入白令海峡时就遇到了极地气旋，冰山被强气流吹到岸边，帆船不得不十分小心地穿行在浮冰之间，不能有任何闪失。在北地群岛，指南针与所有仪表失灵，他们只能靠光纤罗经与目测航行。在格陵兰，船只撞上了冰山，船体开始渗水，好在问题不大，还可以坚持航行。船只在美国波士顿停靠时进行了检修。

翟墨的环北之行与西方前辈的北极探险显然有着不同的目的与动机。后者怀揣为西方殖民主义开通航道、寻找东方财富的梦想进入北方的极寒之地。而对于今日的中国航海家翟墨而言，他是联合国开发计划署“捍卫自然”宣传官，还是中国航海科普大使，想通过航海壮举来呼吁更多的人关注全球变暖和气候灾害问题。他在返航后接受记者采访时说道：“去年我们航行时，西伯利亚的气温已达37摄氏度。如果南北极冰川继续融化，再过几十年，很多岛国或将不复存在。我呼吁全球民众重视环保、热爱地球、减少碳排放。”

在中国人北极探险的行列中还出现了一位只身探索北极的女性，她就是香港摄影师、画家李乐诗。1993年，她乘坐加拿大飞机到达北极点，成为第一个到达北极点的中国女性。

自1985年起，李乐诗先后十次赴北极地区考察，八次登上南极大陆，四次踏上珠穆朗玛峰雪域，足迹遍布100多个国家和地区，也是世界上第一位踏足南北极及第三极（即青藏高原）的女性。1997年，李乐诗创办极地博物馆基金会，致力于推动香港与内地的科学考察和合作，积极通过学校、社团等不同渠道向大众普及有关极地科学考察和探险的知识。

与翟墨一样，她也是一位热心环保公益事业的人士。她认为，只有置身极地的白色世界，才能认识全球气候变化对人类生存的深刻影响。如今，她已出版了十余本有关极地探险的专著和摄影集，其中包括《茫茫北极路》《南极梦幻》《白色力量》《北冰洋细语》《南极长夜》《三极宣言》等。“白色力量”如今已成为有关极地环境研究的重要概念。她将其三极探险定位为“冰雪文化、艺术与科学考察之旅”。对于“白色力量”这一概念，她这样解释：“从表面上看，只是一片白色，但仔细观看时，却发现空白中，包含着无与伦比的丰富色彩。这些色彩展示出从未见过的自然美与艺术美，又隐含着深奥而又明确的人生哲理。”

曲枫

2024年5月10日

于聊城大学北冰洋研究中心

本文资料来自国家海洋局极地考察办公室官网、高登义文《我与“斯瓦尔巴条约”情缘 》（科学网）、宣传推广徐力群精神的微信公众号“走边儿”、中国新闻网访谈《人类首次不停靠环航北冰洋》、王建男微信公众号文章《北极日记》、极地博物馆基金官网以及作者对白英的访谈等。感谢高风先生、杨剑研究员、杨惠根研究员、白英研究员、陈立奇教授、李乐诗博士、翟墨先生、魏燕女士、徐飞先生、王建男先生为本文提供写作资料与图片。

1998年7月，中国北极考察团在北极点合影，从左至右：陶丽娜、陈炳鑫、陈立奇、袁绍宏（陈立奇供图）

1999年8月，中国首次北极科学考察队在钻取冰样（陈立奇供图）

2005年1月18日3时16分，中国南极内陆冰盖昆仑科考队确认到达南极内陆冰盖的最高点，这是人类首次登上南极内陆冰盖最高点（杨惠根供图）

2009年2月，中国第25次南极科学考察队部分队员在南极的合影，右二为本次考察队领队杨惠根研究员（杨惠根供图）

中国北极黄河站驻扎地新奥尔松（杨剑摄）

2014年，上海国际问题研究院原副院长、北极科考研究专家杨剑研究员在斯匹次卑尔根群岛上的中国黄河站边梯上（杨剑供图）

2023年9月5日，中国第13次北冰洋科学考察队在北极点合影（裴佳豪摄）

1995年4月20日，徐力群在格陵兰岛西北角北纬77°47′冰海上原住民的雪橇前（潘蓉摄，徐飞供图）

1995年4月20日，潘蓉在格陵兰岛西北角北纬77°47′冰海上原住民的雪橇前（徐力群摄，徐飞供图）

1995年，格陵兰岛因纽特人的舞蹈（徐力群摄）

获奖照片《鲸湾·格陵兰·2013》（王建男摄）

王建男在格陵兰岛乘坐雪地摩托（吕晓琦摄）

白英收集的因纽特艺术家创作的鲸骨雕塑，其形象为北极熊与海象的结合，现藏于鄂伦春民族博物馆（白英供图）

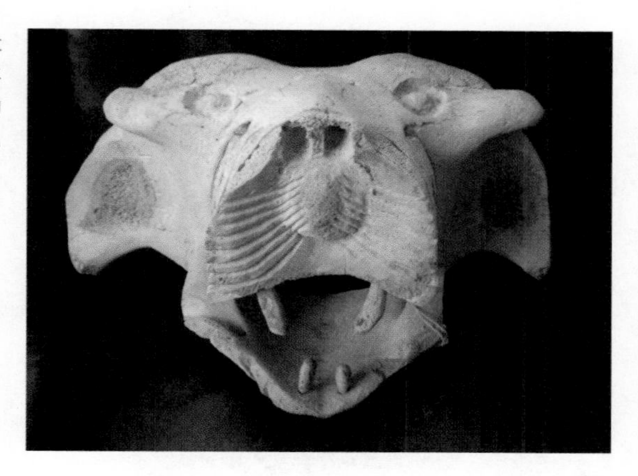

白英造访涅涅茨人的居住点（白英供图）

启航前日，翟墨（左）与笔者（右）在他的无动力帆船前合影（潘晓丽摄）

翟墨驾驶无动力帆船在北冰洋航行（翟墨供图）

李乐诗在格陵兰岛
（李乐诗供图）

在格陵兰岛科考的李乐诗（李乐诗供图）

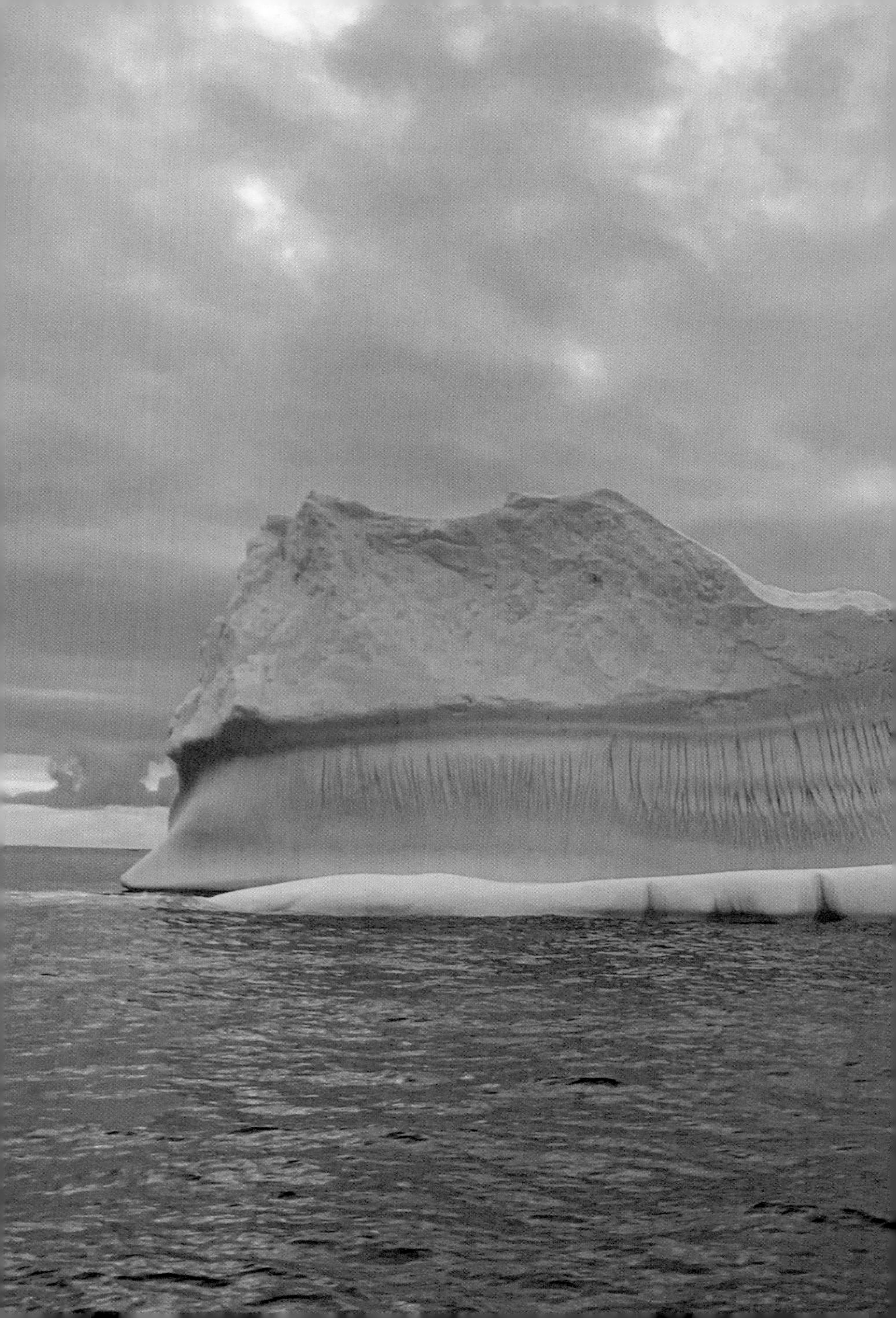

北冰洋上的冰山（翟墨摄）

主编导读

探险与探险之外

多年以来，极地一直以一种等待征服的冰原荒野形象存在于人们的想象之中。通往极地的路途充满凶险与不测，死亡的阴影无处不在，然而这并没有浇灭来自文明世界的欧洲探险家们征服蛮荒之地的热情。虽然探险家们终于开通了北冰洋西北航道，也终于到达了地球最北和最南端，但在通往极地的路途中，无数人殒命冰海雪原，甚至尸骨无存。

16世纪，欧洲人以悲壮之举开启了人们对极地的认知。18—19世纪，更多的探险家义无反顾地踏上奔赴极地的征程。探险家们的无畏气概铸就了人类征服极寒之地的浪漫史诗。《极地探险简史》以简练的笔触描绘了这段16—20世纪间惊心动魄的人类历史。

美国极地文学研究学者马克·萨夫斯卓姆认为，19世纪的探险家与科学家将北极荒原视为实现个体成就和精神神圣化的理想之地，因为它的极端环境剥夺了文明基础。因缺乏温暖与食物，进入这样的空间犹如参与一场净化灵魂的仪式。[1]显然，这是一个有关个体主义和英雄浪漫主义的理想化解释。然而，从极地探险史中我们不难看到，在“英雄气概”的背后，还有同胞间与同行间的争强斗狠、明枪暗箭、名誉诋毁以及势不两立。因此，仅仅使用欧洲传统的英雄史诗式逻辑来解释人类历史上的极地探险行为或许过于狭隘和局促，如果把这段历史放在大的历史情境中考察，我们还会看到启蒙主义、理性主义、科学主义、殖民主义、早期资本主义的影响，而这些因素均与欧洲中心主义以及人类中心主义纠缠不清。

15世纪末，欧洲国家发现了通往印度洋与美洲的航道并开启了全球性的扩张活动。16世纪下半叶，北冰洋进入殖民者的视野。英国探险家抢占先机，向加拿大的北极地区进发。紧跟英国人脚步的是大名鼎鼎的荷兰探险家威廉·巴伦支，他与他的探险队员是巴伦支海与斯匹次卑尔根群岛的发现者。需要说明的是，早期探险并非以占据北极地域为目的，而是为了寻找通往亚洲的新航道。2011年上映的荷兰电影《新地岛》描绘了巴伦支和他的船队在巴伦支海探险以及受困于新地岛并被迫在此越冬的经历，再现了探险家们经受北极冬季严寒考验、不得不与北极熊搏斗的绝境求生场景。巴伦支虽然挨过了严寒，却在归途中不幸去世。电影剧本以船上木匠格里特·德维尔的日记为蓝本。在电影中，德维尔与一名同伴发生了冲突，冲突最终以同伴之死告终。实际上，类似的内部冲突在整个极地探险史中比比皆是，英雄探险家荣誉光环的背后是真实而赤裸的人性。

和巴伦支一样，殒命北极探险途中的欧洲人还有17世纪的丹麦探险家维他斯·白令。他曾穿越了后来以他名字命名的白令海峡，后在一个同样以他名字命名的小岛上病逝。

1845年，英国海军少将约翰·富兰克林率领“幽冥”号和

“恐怖”号以及由133人组成的庞大远征队向加拿大北部进发，之后踪迹全无。直到2016年，人们才在威廉王岛附近海底发现了“恐怖”号沉船的残骸。

1871年，美国探险家查尔斯·霍尔与他的探险队在到达北纬82°以后，于格陵兰岛北部建立了一个越冬营地。然而，霍尔并没有如愿度过这个冬天，一场疾病夺走了他的生命。

1879年，美国海军军官乔治·德隆率领“珍妮特”号从旧金山出发，通过白令海峡抵达北冰洋，随后陷入浮冰，船只解体。船员被迫分乘三艘小船漂往西伯利亚，德隆等人在勒拿河岸边的营地上死于寒冷和饥饿。

与南极不同，北极并不是无人居住的荒野。在北极大探险时代到来前，北极原住民已在他们的北极家园生活了上万年。考古发现证明，人类于1.5万年前就已在西伯利亚勒拿河盆地中部位于北纬59°的阿尔丹河上的久克台洞穴居住。在挪威与瑞典，人类于7000年前就已扩张到北纬70°地区。距今1.3万—1.4万年，人类从亚洲通过“白令陆桥”迁徙至阿拉斯加及北美其他地区。[2]人类能够成功移居北极，将寒冷的永久冻土地带作为自己美丽的家园，依赖的并不是多么先进的科学技术，而是一种协调资源、发挥优势的手段，即拥有极为有效的适应性策略，并形成一种能够适应高寒环境的文化生态。这与16—19世纪欧洲探险家们的悲惨遭遇形成鲜明对比。

显然，探险时代的探险家们对那个时代的先进技术盲目自信，即使有着装备精良的船只和新兴的现代枪械，还有自认为充沛的食物储备，却仍然在寒冷、饥饿、坏血病等问题的围困下溃不成军。巴伦支和船员们所携带的枪支在严寒中经常变形、受损，在遇见北极熊时，子弹也难以将野兽一击毙命。在巴伦支的第一次北极航行中，队员们曾遇见一大群海象，他们试图使用长矛和斧头杀死它们，却无法奏效，因为海象的表皮比钢铁还要坚硬，金属武器触及时，会轻易断裂。由于缺乏维生素C，探险队员经常患上坏血病。富兰克林的船队虽然配备了充足的食物，大部分食物却在船只被困后变质。大多数队员出现了铅中毒，可能与食用罐头食品或使用船上的含铅水龙头有关。

比较史前时代人类向北极的迁徙与欧洲人的现代北极探险，二者无论在目的、策略还是结果上均有本质区别。首先，二者的目的不同。史前迁徙是人类基于基本的生存法则，为了寻求新的资源以及建立新的生存方式，而探险行为则是为了寻求欧洲通往亚洲的航道，为了致富的梦想，为了寻找“黄金和香料”。巴伦支的第二次航行就是为了找到通往中国的航道，并与中国人贸易。其次，二者对自然环境的态度有着天壤之别。史前时代，人类在迁徙过程中与环境建立了一种公平的对话协商关系，对自然心存敬畏。而探险时代，人类雄心勃勃，对自然态度傲慢，充满征服的欲望，他们也因此付出了生命的代价。

尤为重要的是，史前人类、当代北极原住民与以探险家为代表的欧洲主流社会群体有着完全不同的宇宙观、世界观与价值观。后者秉承了启蒙时代的理性主义与科学主义思想，持有二元对立观念，将人类视为世界的主人，将大自然、动物、环境视为人类征服的对象，将包括北极原住民在内的世界各地原住民视为原始的、未开化的人类群体。而在前两者的世界观中则没有这样的划分，他们将自然环境、动物视为与人类平等的主体，并形成了一种和谐、互惠的主体间关系网络。在这种关系网络中，人与环境不是索取与被索取的关系，而是交换与互惠的关系。史前人类与北极原住民正是基于这样的关系本体论，才形成了对高寒环境的高度适应性与有效的生存策略。

遗憾的是，当早期探险家与原住民相遇时，前者中很少有人愿意向后者学习严寒中的生存技能。巴伦支在第二次航行时曾遇见20名萨摩耶人，称其为“野人”，虽然与他们有过短暂的交谈，但并未建立合作关系。根据当代学者的调查，富兰克林及其船队的故事其实已经进入当地因纽特人的传说，说明富兰克林团队在全军覆没之前，曾与当地的因纽特人有过交集。美国探险家霍尔是少见的、思想开明的人，他认为因纽特人聪慧且友善，西方人在许多方面需要向当地人学习。不过，霍尔之后的一名美国探险家罗伯特·皮尔里则是白人至上主义的代表人物。他曾将一群因纽特人带到美国展览。当因纽特人因病死亡之后，他又将他们的骨头与北极动物一起陈列在纽约的美国自然历史博物馆。矛盾的是，他的傲慢却没有阻碍他向因纽特人学习，他是第一个使用因纽特传统的狗拉雪橇进行北极探险的白人，并因此大获成功。1909年，他的团队一行六人（包括四位因纽特猎人）到达了北极点，他也因此在余生中备受赞誉。

英国探险家罗伯特·斯科特与其队员是最早到达南极高原的人。也许是受到了皮尔里的启发，他也使用狗拉雪橇作为在南极陆地上行进的交通工具。

经过数代探险家和科学家的努力，20世纪50年代，地球两极的探险任务已经完成，北极与南极区域已成为世界地图的一部分。科学与技术在20世纪似乎不出意外地获得了最后胜利。然而，得出如此结论仍然为时过早。在科技取得辉煌成就的同时，它也为地球带来了巨大的不确定性。由于对资源的过度开采以及对地球表面的严重破坏，环境污染、生态灾难已成为人类当下所面临的常态问题。当从两极归来的科考团队获得越来越多有关南北极的自然科学知识时，我们对北极原住民的传统生态知识仍然所知甚少。令人略感欣慰的是，国际学术界目前已将传统生态知识提高到与科学知识同等的地位，并期待对前者的研究能在全球可持续发展中起到重要作用。当回顾极地探险史的时候，我们或许会更为深切地感受到这一点。

曲枫
2024年7月6日
于阿拉斯加大学人类学系

[1] 参阅马克·萨夫斯卓姆，《极地英雄的进步：费里德乔夫·南森、精神性与环境史》，《北极环境的现代性：从极地探险到人类世时代》，莉尔-安·柯尔柏等著，周玉芳等译，北京：社会科学文献出版社，2023年。

[2] 参阅约翰·F. 霍菲克尔，《北极史前史：人类在高纬度地区的定居》，崔艳嫣、周玉芳、曲枫译，北京：社会科学文献出版社，2020年。

挪威特罗姆瑟海岸的冬景（曲枫摄）

挪威特罗姆瑟附近的岛屿（曲枫摄）

阿拉斯加费尔班克斯的冬季（曲枫摄）

阿拉斯加费尔班克斯冬季的黄昏（曲枫摄）

阿拉斯加费尔班克斯的极光（曲枫摄）

科学家在冰岛的冰川上考察（曲枫摄）

关于本书

人类的极地探险史上，北极和南极都曾发生过一些引人注目的事件。在逐鹿南极点的过程中，罗伯特·法尔肯·斯科特[1]落后罗尔德·阿蒙森[2]一步，不得不在绝望中踏上返程之路，更为不幸的是，他在一场暴风雪中殒命，去世地点距离补给点仅11英里（1英里约为1609米）。约翰·富兰克林爵士[3]及其随行人员为寻找西北航道消失在加拿大北极地区，此后踪迹全无。为解救被困在无人居住的象岛上的船员，欧内斯特·沙克尔顿[4]开始了一段史诗般的航行，穿越南极海到达南乔治亚。其他的故事则很少为人所知，比如道格拉斯·莫森[5]在两名同伴死亡后独自跋涉，回到南极的大本营；阿道夫·格里利[6]在北极的灾难性探险导致大部分队员死亡，而幸存者面临自相残杀的指控。

我们的这本书将逐一概述这些事件的始末。书中简要介绍了伊丽莎白时代至库克船长时代的航海家们寻找从大西洋到太平洋的西北航道或东北航道的历史，叙述了人们对长久以来未知的南方大陆的短期探索以及库克的推断，即在遥远的南方水域，不存在人们想象中那温和宜居、人口众多的大陆。然而，对南极的大部分探险集中在1820—1960年的140年。这一时期，人类首次发现了南极大陆，但加拿大和俄罗斯北部的大部分地区仍然带有神秘色彩。最终，地图上的地球两端不再是空白，不再是探险家和冒险家的专属领地，科学家甚至游客也可以来到这里。

本书前六章主要叙述了这140年间的探险史诗，第七章简要讲述了过去50年的两极探险，第八章则描绘了两个世纪以来文学和艺术中的南北两极形象。极地探险家简明传记的补充（以注释方式出现），为人们了解南北极探险剧中的人物角色提供了参考指南。末尾列出的参考书目揭示了更加全面的极地历史，如果感兴趣，可以有针对性地深入阅读。我们这本书的写作初衷是借助这一“简史”激发人们对非凡人物、非凡故事的兴趣。

---

[1] 罗伯特·法尔肯·斯科特（Robert Falcon Scott，1868—1912），曾在一艘鱼雷艇上担任中尉，他的导师克莱门茨·马卡姆爵士说服他申请南极洲探险队队长一职。申请成功后，1901—1904年，斯科特指挥“发现”号向南驶往麦克默多海峡，与威尔逊和沙克尔顿一起乘雪橇旅行，到达当时的最南端南纬82°17′。1910年，他乘坐“特拉诺瓦”号返回南极，并公开表示要到达南极点。1912年1月，他和四名同伴到达了目的地，却发现挪威人罗尔德·阿蒙森一个月前已经到达了这里。在返回基地的绝望旅程中，所有人都失去了生命。斯科特被暴风雪困在离补给点只有11英里远的帐篷里，他很可能是五人小组中最后一个丧命的，也许是在3月29日，也就是他在日记中写下最后一笔的那一天。

[2] 罗尔德·阿蒙森（Roald Amundsen，1872—1928）是极地历史上的一位杰出人物，一些历史学家甚至认为他既是第一个到达北极点，也是第一个到达南极点的人。他出生在挪威，1903—1906年间，指挥“约阿”号，带领探险队首次成功穿越西北航道。1909年，在尝试征服北极点的途中，他听说皮尔里已经宣布到达北极点，于是改变计划，转而向南进发，和另外四人一起到达南极点，比斯科特早了几星期。1926年，阿蒙森在林肯·埃尔斯沃斯和翁贝托·诺比尔的陪同下乘坐“诺格”号飞艇飞越北极。两年后，他在寻找极地旅行中失踪的诺比尔时不幸丧生。

[3] 约翰·富兰克林（John Franklin，1786—1847），可能是19世纪北极探险家中

最讨人喜欢而又最不走运的一位探险家。他的第一次探险，沿着科珀曼河及其东面的海岸线北上，这次探险从一开始就灾难连连，最终以食不果腹、谋杀和同类相食而告终。几年后，他又进行了一次非常成功的北极探险。在担任了一段时间的塔斯马尼亚总督之后，于1845年被选为探险队领队，带领史上装备最精良的探险队寻找西北通道。他率船只进入了北极荒野，从此杳无音信，他们的失踪引发了一系列搜索。人们虽然未能找到失踪队员，但对北极地区的地理知识更加了解。

[4] 欧内斯特·沙克尔顿（Ernest Shackleton，1874—1922），出生于爱尔兰，在伦敦的达利奇学院求学。他在加入斯科特的“发现”号探险队之前，曾是商船队的职员，加入探险队开启了他的职业探险生涯。1903年，他与斯科特和威尔逊完成了最南之旅后因病返家。几年后，他带领自己的探险队重返南极洲。1909年1月，他到达了距离南极点不到100英里的地方，被迫折返。1914—1917年，他率领英帝国跨南极探险队前往南极洲，探险期间为了寻求帮助、解救被困在南大洋无人岛上的部下，而展开了一次史诗般的乘船旅行。他在最后一次南极探险时，死于心脏病突发。

[5] 道格拉斯·莫森（Douglas Mawson，1882—1958），澳大利亚地质学家，1907—1909年跟随沙克尔顿的“宁录”号探险队旅行，是第一批到达南磁极的成员之一。在拒绝加入斯科特的“特拉诺瓦”号探险队后，1911—1914年，他组织了自己的澳大拉西亚南极探险队在南极洲勘察。1929—1931年，他担任了英国、澳大利亚和新西兰南极研究考察队的队长。

[6] 阿道夫·格里利（Adolphus Greely，1844—1935）是一名参加过美国内战的退伍军人，被任命为富兰克林夫人湾探险队领队，这是美国对第一个国际极地年的贡献。尽管探险队的两名成员到达了更北端的北纬83°24′，但探险活动以失败告终，大多数队员不幸死亡，整个探险过程充斥着互相残杀的传言。

第一章

1900年之前的北极

1800年之前

数百年来，探险家们前赴后继进入北美北极地区，并非为了到达北极点，而是为了寻找梦寐以求的海上航向的“圣杯”——西北航道。探险家们相信，在冰海荒原上存在一条连接大西洋和太平洋的航线。如果能找到这条西北航道，将会开辟一条攫取亚洲财富的新道路。为了寻找它，早期的北极探险者历经千辛万苦，许多人甚至因此失去生命。

最早的探险队由英国人组织。马丁·弗罗比舍[1]是伊丽莎白时代的典型“海盗”——勇敢、独立、铁血，他不仅是1588年击退西班牙无敌舰队的船长之一，还是一位无畏的加拿大北极探险者，虽然他曾做了错误的判断。1576年，在伦敦商人创办的莫斯科公司的支持下，弗罗比舍带队向西北航行，最终在现在的巴芬岛登陆。遭遇种种不幸后（比如一些部下被当地人俘虏），他带着一块黑色的岩石样本返航，弗罗比舍坚信岩石中富含黄金，因此有充分理由再次探险。女王及其他投资者都同意他的观点，于是他又带领队员两次前往该地区，带回了将近1500吨神秘矿石。

马丁·弗罗比舍肖像

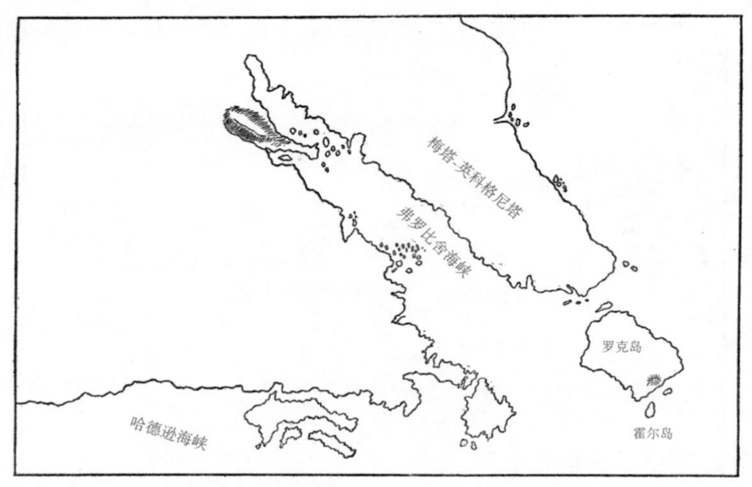

弗罗比舍航行区域

这些曾让他们寄予无限厚望的矿石，最终被证明毫无价值。

尽管如此，其他英国航海家仍然沿着弗罗比舍的航行路线进行探险。汉弗里·吉尔伯特爵士和沃尔特·罗利爵士是同父异母的兄弟，他曾在16世纪70年代写了一篇极具影响力的文章《通往中国之新通道》。1583年，吉尔伯特驶抵纽芬兰，宣布该地为伊丽莎白一世所有，将其变为英国殖民地。返航途中，他所乘坐的航船沉没，船上所有人员罹难。和吉尔伯特一样，约翰·戴维斯也是德文郡人，16世纪80年代后期曾多次航行到达格陵兰岛以西的海峡，即现在以他的名字命名的戴维斯海峡。亨利·哈德逊[2]从1607年起受雇于英国的莫斯科公司，

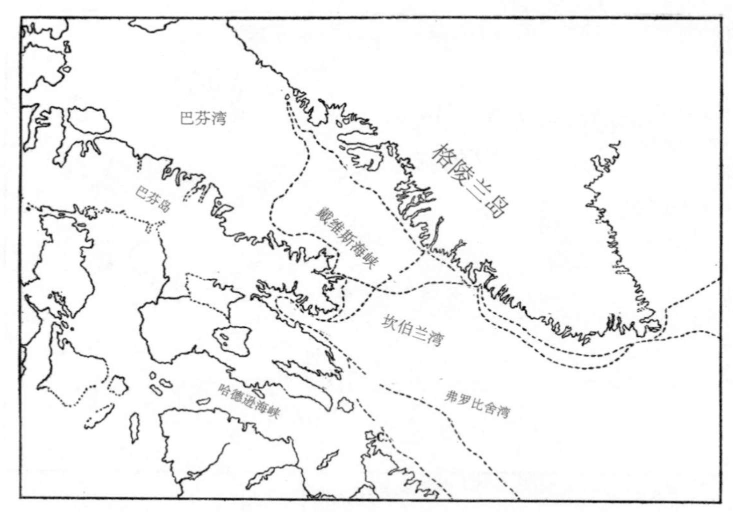

戴维斯航行线路图

四次前往北极水域寻找新的商业路线。在1610年最后一次航行中，哈德逊进入了现在以他的名字命名的哈德逊湾，他和船员受浮冰影响，被迫上岸过冬。第二年春天，哈德逊渴望进一步探索该海湾，但同行的大多数船员觉得前景并不乐观。身处寒冷、痛苦和恐惧之中，这些船员只想返航回家，于是发生叛变，迫使哈德逊、他的儿子和几名忠诚的船员乘坐一艘小船在海上漂流，从此杳无音信。反叛者们回到伦敦，承认了自己的所作所为，但将此事归咎于两名头目，在返航途中这两人已经意外死亡。一些幸存者受到了审判，最后被无罪释放。

哈德逊航船在高地地区行进

与此同时，来自其他国家的探险家也在寻找一条东北通道，这条通道经欧洲北部到达太平洋。16世纪90年代，荷兰人威廉·巴伦支[3]曾三次航行至北冰洋。在最后一次航行中，他和船员首次发现了斯匹次卑尔根群岛，他们成为第一批在北极高纬度地区越冬的西欧人。17世纪，其他一些探险家偶尔也会沿此航线探险，但直到18世纪20年代，正在俄国海军服役的丹麦人维他斯·白令[4]才经太平洋（而非波罗的海）驶入北极水域，穿过现在以他的名字命名的白令海峡。在1741年的第二次航行中，白令有了更重要的发现——阿拉斯加的南海岸，

巴伦支探险船被困冰原

巴伦支探险队过冬房屋

在彼得罗巴甫洛夫斯
克的白令纪念碑

但由于疾病缠身以及在未知的水域航行，他率领的探险队很快就陷入困境。1741年12月，白令在一个偏僻的小岛上去世，这个小岛就是现在以他的名字命名的白令岛。八个月后，这支探险队的幸存者到达了安全的地方。

寻找西北航道的信念并没有随着亨利·哈德逊的去世而动摇。在他去世几年后，另一位英国航海家威廉·巴芬[5]受伦敦商人派遣继续寻找西北航道。1616年，他向格陵兰岛西部航行，发现了现在以他名字命名的巴芬湾，以堪称典范的缜密方式绘制了地图，还以探险赞助人的名字命名了出入巴芬湾的三个海峡，即兰开斯特海峡、琼斯海峡和史密斯海峡。这三条海峡在后来的北极勘探中发挥了重要作用。巴芬远征极地15年后，经验丰富的约克郡水手卢克·福克斯经哈德逊湾北部，进入了现在被称为福克斯盆地的水域。此地一年中大部分时间都被冰雪覆盖，但它仍然为在哈德逊湾之外开辟一条西北航道提供了一线希望。

然而，在福克斯返航后，人们对北极探险的热情逐渐减弱了。此时的北极探险并非为了有所发现，而是为了商业利益。1670年，哈德逊湾公司成立，该公司垄断了哈德逊湾周边广大地区的毛皮交易。50年后，才有人认真尝试寻找西北航道，而这个人就是已经年近八旬的詹姆斯·奈特[6]。奈特生于1640年左右，曾在哈德逊湾公司工作了几十年，当时他开始四处寻找机会，以证实他长期以来听到的一个传闻——存在一条便捷且富含矿物的、通往太平洋的航线。1719年，他带领“奥尔巴尼”号和“发现”号去寻找这条航线。不久之后，奈特带领的探险队消失了，这成为19世纪另一次更著名探险的起源。40多年后，人们发现了船只的残骸，还在一个偏远的岛屿上找到了营地遗迹，但奈特及其随行人员命运的确切细节仍然成谜。

克里斯托弗·米德尔顿[7]是一位英国航海家，曾在哈德逊湾公司担任船长多年。他对科学和探索充满兴趣，但这并不能为公司带来利润，因此无法得到公司的资助。1741年，他受聘于英国皇家海军，领导一支由海军赞助的探险队前往哈德逊湾的最北部。到达北极圈边缘后，米德尔顿发现了一条似乎向西的通道入口，于是兴高采烈地把它命名为“希望角”。不幸的是，这并非他要寻找的目标，在继续航行了一段水域之后，他十分沮丧地将此地重新命名为里帕尔斯贝，然后返航回国。回国后，他与主要资助人——英裔爱尔兰政治家阿瑟·多布斯发生了激烈争吵。米德尔顿确信西北航道并不存在，至少在他航行过的哈德逊湾附近没有任何航道出口。多布斯则认为，米德尔顿没有尽全力寻找，于是决定资助一次更深入、更彻底的探险。这一回，米德尔顿的表哥威廉·摩尔被委任为领队，他曾参与米德尔顿的探险航行。摩尔与多布斯的看法一致，也认为自己的表弟并未尽心，但他的航行在寻找西北航道方面并未成功，收获甚至更为逊色。

到了18世纪60年代，人们认为，过去几十年探险队一直在寻找的西北航道并不存在。哈德逊湾公司的一名高级员工写道：“我确信，哈德逊湾没有通往大西洋的通道。”许多乐观主义者仍然坚信这样一条通道的存在，只不过通道的入口位置比目前所能到达的区域更靠北。另一个原因是，找到一条从太平洋到大西洋的航线比找到一条从大西洋到太平洋的航线要容易得多。如果有人能找到这样一条航线，那他肯定

库克肖像及其签名

会被誉为那个时代最伟大的航海家。詹姆斯·库克[8]船长的前两次航行极大地丰富了人类的地理知识，他成为历史上第一个穿越南极圈的人，打破了长期以来人们对于温带南部大陆的固有观念，即该大陆幅员辽阔、人口众多、直通世界的尽头。1776年7月，库克被派去进行第三次航行，海军部的每个人都希望这次航行能最终解决西北航道存在与否的问题。根据指示，他将前往北太平洋，沿着美国西北部海域航行至北纬65°，然后在此处“寻找和探索通向哈德逊湾或巴芬湾的河流或水湾”。库克带领两艘船从普利茅斯出发执行探险任务，其中一艘是他自己指挥的“决心”号，另一艘是查尔

斯·克拉克[9]指挥的“发现”号。

1778年初，库克一行人成为首批登陆夏威夷群岛的欧洲人，然后库克带队驶向北美，开始绘制沿途的海岸线地图。在接下来的几个月里，他们沿着海岸稳步前进，到达了阿拉斯加和白令海峡。库克急切地想要通过海峡，却屡次受阻于坚厚的冰层。探险队最后折返至阿留申群岛，在此维修“决心”号和“发现”号，其间遇到了一些俄国毛皮商人（这次会面对双方来说都十分沮丧，因为俄国人不会说英语，库克的探险队中也没有会说俄语的人，手语的局限性很快就显现出来）。船只修理完毕，船队向南折返，打算第二年再返回这里。1779年，库克的两艘船返回夏威夷时，这次航行也以悲剧画上了句号。起初，库克受到了岛民的款待，他们继续航行，后因船只受损被迫返回，但这次受到了截然不同的对待。夏威夷人突然对库克一行人产生了极大的敌意，具体原因尚未可知。在与库克及其随行人员的对抗中，他们杀死了这位伟大的航海家。之后，克拉克接手了这次远征，按计划再次航行到美国西北部，但不久便身患重病。在最后一次尝试穿越白令海峡后，克拉克在堪察加半岛的一个港口因肺结核去世。约翰·戈尔曾参加库克的第一次航行，他在克拉克去世后正式接任船长，带领这支士气低落的探险队返回英国。

正如库克打破了人们对南部大陆的固有观念，他似乎也

库克第二次探险途中登陆米德尔堡

摧毁了在美国西北部找到通往哈德逊湾或巴芬湾通道的所有希望，但地图上仍然存在难以捉摸的可疑地带和空白区域，一些富有想象力的地理学家依旧在这些地方投射着他们的梦想。因此需要一次终极探险，来验证这些梦想与现实是否相符。18世纪90年代，乔治·温哥华[10]作为英国海军的一员参加了库克的第二次和第三次远征，经过数年航行，他精确绘制了美国西北海岸线的地图，此地图在一个多世纪后仍被使用。虽然发现了大量的水湾、海湾和港口，但并未发现通向哈德逊湾东部或巴芬湾通道的迹象。温哥华写道："我相信，对美国西北海岸进行的精确测量，将消除所有的怀疑，彻底打破人们对于西北通道的所有幻想。"在当时，他的结论似乎确凿无疑。由于

库克第三次探险途中所见胡阿希内岛景观

英国与法国间旷日持久的战争占据了公众的注意力，人们对西北航道的探索暂时被搁置了。即便如此，横贯两大洋的航线之梦，依然未曾熄灭。

[1] 马丁·弗罗比舍（Martin Frobisher，约1535—1594）是一名出生于英国德文郡的海员，他为了寻找西北航道，在16世纪70年代进行了三次航行。他没有找到任何通往印度群岛的航线，但到达了现在的巴芬岛。1588年，弗罗比舍被封为爵士，并非因为他作为探险家取得的成就，而是因为他在击败西班牙无敌舰队中的英勇表现。

[2] 亨利·哈德逊（Henry Hudson，约1560—1611）从1607年直至去世，多次前往加拿大的北极地区。在最后一次航行中，他绘制了哈德逊湾海岸线，在冰原越冬后，他想继续向北航行。他的队员对这个计划不感兴趣，于是发生叛变，将他、他的儿子和几名忠诚的队员驱赶到一艘船上任其漂流，自此再无踪迹。现在的哈德逊湾便以其名字命名。

[3] 威廉·巴伦支（Willem Barents，约1550—1597），出生在荷兰海岸附近的弗

里斯兰群岛，他是寻找从大西洋到太平洋东北通道的先驱之一。16世纪90年代，他在西伯利亚海岸以北海域先后三次航行。在最后一次航行中，他首次发现了斯匹次卑尔根群岛，但探险船被冰原所困。他在乘小船前往安全地点的途中去世，被埋葬在新地群岛的一个岛上。

[4] 维他斯·白令（Vitus Bering，1681—1741），出生在丹麦霍尔森斯，俄国海军将领、探险家。1724—1730年他的第一次探险证明了美洲与亚洲并不相连，同时记录了堪察加半岛东岸的情况，测绘了沿途的海岸线。1733年，他开始了第二次航海探险，后于1741年12月19日在白令岛去世。白令海峡、白令海、白令岛都以他的名字命名。

[5] 威廉·巴芬（William Baffin，约1584—1622），其早年生活一直成谜，但众所周知，他在1612年远航到达了格陵兰岛。三年后，他再次来到北极，1616年，他到达了当时无人到达的、更北的地方，发现了现在以他的名字命名的海湾。后来，他入职东印度公司，在一次对抗波斯湾葡萄牙驻军的袭击中丧生。

[6] 詹姆斯·奈特（James Knight，约1640—1721），哈德逊湾公司董事。1719年，他带领探险队尝试寻找可通航的西北航道，于1721年航行途中神秘失踪。

[7] 克里斯托弗·米德尔顿（Christopher Middleton，卒于1770），英国航海家，他在尝试寻找西北航道的途中发现了里帕尔斯贝。

[8] 詹姆斯·库克（James Cook，1728—1779）是他那个时代最伟大的航海家，对北极和南极的历史研究都做出了重大贡献。1773年1月，在他的第二次航行中，船队首次穿越南极圈，尽管并未发现南极大陆，但他在南部海洋的广泛旅行证明，长期以来被认为存在于那里的气候温和、人口众多的未知南方大陆不过是一个传说。在第三次航行中，他在夏威夷的海滩上去世。库克沿着美国和加拿大的西海岸航行，试图寻找西北航道的入口，但未能成功。

[9] 查尔斯·克拉克（Charles Clerke，1741—1779），他在库克第三次探险时指挥伴舰“发现”号，库克身亡后，改为指挥“决心”号，1779年8月22日因肺结核病逝。

[10] 乔治·温哥华（George Vancouver，1757—1798），出生于诺福克郡的金斯林，15岁时参加海军，加拿大的大都市温哥华就以他的名字命名。在库克船长的第二次和第三次航行中，他是海军军官候补生。后来，他自己带队对美国西北海岸进行了广泛的考察，与库克共同成为首批抵达此地的探险者。

罗斯、帕里和"吃靴子的人"

拿破仑兵败滑铁卢后的20年里，英国又派遣了多支探险队去往北方，北极探险的新时代拉开序幕。这一系列探险由约翰·巴罗爵士推动，他在19世纪上半叶曾担任海军部第二秘书近40年。1780年，十多岁的巴罗曾乘坐捕鲸船前往北极，还到过遥远的中国（他是英国第一批派往中国的外交使团成员）和南非等地。1815年，拿破仑战败后被流放到圣赫勒拿岛（据说这一地点最初由巴罗建议），欧洲迎来了二三十年的短暂和平。英国海军军官不可能再通过参战为职业生涯锦上添花。巴罗看到了另一个可以大放异彩的舞台——探索世界上未知的地区。探险活动同样可以为军人赢得前辈们在战争中获得的名声和荣耀，而遥远的北极正是最好的目标之一。

约翰·巴罗肖像

1818年4月，巴罗推动了首次探险，由约翰·罗斯[11]带队从伦敦出发。1786年，年仅九岁的罗斯加入了海军队伍，多年后成长为一名职业军官。罗斯的探险区域大多在波罗的海水域，当时所有海军军官都经此地进入北极，这可能在一

约翰·罗斯肖像

定程度上影响了他的选择。尽管罗斯是19世纪北极探险经验最丰富的航海家之一，但从波罗的海前往北极仍是令他遗憾的路径选择。

罗斯奉命率领“伊莎贝拉”号和“亚历山大”号驶入巴芬湾，寻找可能通往西北航道的出口。这次探险小有收获：他遇到了一群从未见过白人的因纽特人。事实上，因纽特人此前一直认为自己是这个世界上唯一的人类族群，所以对罗斯及其随从的外貌非常惊讶。罗斯绘制了以前从未绘制过的巴芬湾区域地图，寻找西北航道这一主要任务却彻底失败了。虽然有些事情很难解释，但面对眼前的证据，他似乎也准备接受直通巴芬湾的航线并不存在的事实。罗斯很快摒弃通过史密斯海峡和琼斯海峡向北通航的想法，将目光投向了兰开斯特海峡。兰开斯特海峡是威廉·巴芬在两个世纪前发现的第三个海峡，被认为是最有可能通往太平洋的通道。1818年9月，罗斯驶向兰开斯特海峡，看到地平线上出现了陆地。他确信自己看到了一座高大的山脉，于是放弃了进一步探索兰开斯特海峡的尝试。船上的其他人并不赞同罗斯的做法，有些人认为他看到的只是海市蜃楼，这时放弃很可能会给远北探险带来阻碍，探险队应该继续前进完成观测任务。罗斯回到英国后，随之而来的争议不仅影响了他的职业生涯，也影响了他与许多极地探险名家间的关系。

罗斯的退缩导致了探险的失败，巴罗对此非常生气。在这次不太理想的探险之后，巴罗计划再次通过陆地探险和海洋航行勘察加拿大北极地区，寻找西北航道。海军军官约翰·富兰克林被选为探险队领队，他勇敢、富有魅力，但号召力不强，十多岁时参加过特拉法加战役。1818年夏季，戴维·布坎任命富兰克林为船长，带领船只从斯匹次卑尔根群岛北部破冰驶向北极。

约翰·富兰克林肖像

富兰克林的具体任务是沿着科珀曼河北上，到达加拿大北部海岸，绘制旅途中新发现区域的地图。由于计划不周，此次探险任务以失败告终。航行途中，富兰克林结识了几位来自英国的探险同伴，其中包括乔治·巴克[12]和约翰·理查森[13]，在富兰克林后来组织的成功探险中，二人都发挥了重要作用。富兰克林打算从加拿大大型贸易公司的航海人员中招募人手。1821年夏天，富兰克林带领一群追随者，在准备并不充分的情况下前往荒野，很快就陷入困境。探险队出发时食物储备就不太充足，原来设想在途中可以通过狩猎来解决食物短缺的问题，但这个过于乐观的想法很快

富兰克林1819—1821年探险时为其提供帮助的哈德逊湾公司驿站

就被无情的现实狠狠击碎。甚至在到达北极海岸之前，这行人就已经忍饥挨饿了。返航途中，情况变得更糟。他们只能靠少量被称为“岩肚”的地衣维生。而有时候，这样的口粮也无处寻觅。后来，富兰克林在他的探险记录中简要写道：“当时没有岩肚，所以只能喝茶、吃自己的鞋子当晚餐。”航行途中，有些人恢复体力后试图发动叛变，理查森怀疑有队员吃人，便射杀了一个怀疑对象。在这支20人的队伍到达安全地带之前，已经有11人死亡，而幸存者的痛苦经历主要源于计划不周以及遇险时领导人决策不当。富兰克林回国后，这些细节似乎都已无关紧要。媒体和大众亲切地称他为“吃靴子的人”，认为他是一位英雄。但他的北极任务还未完成，他的北极之行也未终结。

富兰克林的探险中有许多任务都失败了，其中之一便是未能与海军同时派遣出去的威廉·帕里[14]船队会合。帕里可能是前维多利亚时代英国最成功的北极探险者。他1790年出生在巴斯，13岁加入海军，1818年第一次北极探险时担任约翰·罗斯探险队“亚历山大”号船长。与巴罗资助的大多数海军探险家一样，他对北极并不是特别着迷。他后来以第三人称的口吻写道：“不管寒冷还是炎热，非洲还是极地，对他来说都一样。”他只是想获得巴罗资助的探险活动所附赠的晋升机会。第二年，他奉命率领“赫克拉”号和“克立巴”号再次启航向北，去完成罗斯未能完成的任务：穿过兰开斯特海峡，尽可能一路向西。海军部希望他能找到一条通往太平洋的通道，并且预期他在探险途中可能会与富兰克林的探险队相遇。可惜帕里没能找到西北航道，但他证实了罗斯当初所看到的那座不可逾越的山脉根本不存在。他比罗斯更加成功，也比之前的探险家到达了更西的区域。然而，由于原定航线冰封，探险队被迫在梅尔维尔岛的南岸安顿下来过冬。这是帕里首次发现并命名的岛屿——以海军部第一大臣梅尔维尔子爵的名字为其命名。由于船只被冰封，接下来的十个月他们都在这个岛上度过。1820年7月底，探险队将船只从冰层里解救出来，帕里决心继续向西航行，但是很快他就意识到，这样做有可能再次被冰层困住，陷入下一年的漫长等待。于是他带队折回巴芬湾，从那里航行回到英国。

与两年前罗斯的境遇不同，帕里受到了欢迎和赞颂。虽然他还是没有发现西北航道，但刷新了在北极地区向西航行的最远纪录（英国议会因此颁给他5000英镑奖金）。他还带领探险队员在北极的冰封世界顺利过冬，此次航行仅折损一人（此人之前就罹患肺部疾病）。帕里当时风头无两，注定将会再次肩负起北极探险的重任。1821年4月，帕里率队第二次起航，这次的航船依然是“赫克拉”号，另一艘为“弗里”号。帕里希望这次可以在里帕尔斯贝的哈德逊湾北部找到西北航道。18世纪中叶，航海家克里斯托弗·米德尔顿发现并命名了里帕尔斯贝。然而这条路线是一条死路，无法继续前行，于是帕里沿着海岸线折向东北方向，试图找到出口或通道，引导探险队走向正确的方向——西方。万幸，他们找到了出口，但随着冬季到来，航船无法继续前行，只能被迫在一个无人岛上扎营过冬，他们干脆把这个岛命名为了冬岛。与之前探险时一样，帕里想方设法让队员们在漫长、黑暗、枯燥的冬季里保持忙碌。他们不仅精心策划和组织了船载任务，还建立了一个剧院，帕里本人在谢里登的北极演出剧目《情敌》中担任主演。

当太阳重新升起、船可以前进时，他们继续向北航行，寻找通往西方的通道。探险队接触过的因纽特人说确实存在这样一条通道。他们在巴芬岛的南面发现了一个海峡，帕里以他的船名为其命名，这个海峡的的确确向西延伸。不幸的是，它完全被冰雪覆盖，无法通行。又一个冬天来临了，探险队只好向南撤退，在他们当年早些时候访问过的一个港口过冬。这一次没有舞台表演，但探险队的队员们与因纽特人建立了友好关系，他们对因纽特人似乎既好奇又不安。帕里写道："这些人和我们一样，拥有共同的、与生俱来的情感与需求。"他对此并不惊讶，但他对因纽特人特殊的饮食习惯和松散的道德观念感到震惊。直到1823年7月，港口周围的冰才全部融化，船得以自由通行。此时，部分队员患上了坏血病，面对这样的局面，帕里考虑是否还要再进行新一季的探险。他察看了弗里和赫克拉海峡，发现这些重要的航道仍然处于冰封状态，于是决定返回英国。10月底，离家两年多的帕里再次回到家中。

在帕里挂帅的第二次北极探险中，"赫克拉"号的船长是乔治·弗朗西斯·里昂[15]，约翰·巴罗非常重视他。里昂之前曾试图在前往非洲廷巴克图的旅程中有所建树，但是以彻底失败而告终。1824年，在巴罗的支持下，里昂被任命为不祥之船"克立巴"号的船长，前往北极探险。他的航行目标是经哈得逊湾，再向北到达里帕尔斯贝过冬，然后开始向西开展陆路旅行。从航行之初，一切就很糟糕。“克立巴”号是一艘臭名昭著的劣质船，问题层出不穷。那年的天气也特别恶劣，哈德逊湾的冰层比预期的更厚，覆盖范围更广。遭遇暴风雪的阻挠，里昂无法按计划探险。甚至有那么一刻，他不得不召集全部队员，建议他们“听天由命”，准备迎接死亡。所幸他们还是活了下来，艰难地回到了英国。尽管探险失败不能归咎于里昂，但他此行收获甚微，不再受到巴罗重用。他再也没有机会展现自己的才华，八年后含恨而终，年仅37岁。

里昂在哈德逊湾打算听天由命时，威廉·帕里在北极的其他地方也遭遇了挫折。1824年5月，帕里率领“弗里”号和“赫克拉”号开始第三次远征。探险队驶向巴芬岛西端的摄政王湾，1819—1820年他曾到访该地。帕里心中涌起了希望，他断定这里是开启西北航道的钥匙。他写道：“迄今为止，还没有哪个入口像摄政王湾这样适合。”不幸的是，他选择在天气更糟糕、冰层更厚的时候勘察这个地区。到达摄政王湾并在此过冬后，帕里很快就发现他的船无法继续前进了。后来，“弗里”号被冰山撞到岸边，严重受损，最终被遗弃。探险队历尽千辛万苦回到祖国，帕里发现自己作为一个探险勇士的名声跌落低谷，甚至连最大的支持者约翰·巴罗也对他感到失望。帕里写道，西北航道“正静静地待在他第一次航行结束时的地方”，未曾沾染人世间的一丝尘埃，等待有缘人踏入。

[11] 约翰·罗斯（John Ross，1777—1856），探险家詹姆斯·克拉克·罗斯的叔叔，从小就在海军服役。1818年，海军部的约翰·巴罗爵士挑选他带领探险队寻找西北航道。第一次探险时他在有余力航行更远的情况下，不愿意再继续前行，因此饱受争议，但他仍然是19世纪最有经验的北极航海家之一。在第二次探险中，他被迫在冰原度过了四个冬天。1850年，70多岁的罗斯进行了第三次探险，此行目的是寻找约翰·富兰克林。

[12] 乔治·巴克（George Back，1796—1878），出生于斯托克波特，年少时加入海军。他曾参加富兰克林指挥的、以失败告终的第一次北极探险以及比较成功的第二次北极探险。19世纪30年代，他亲自指挥了两次探险。第一次探险，他成为第一个发现加拿大北部大河的白人，后来这条河以他的名字命名；第二次探险，他的船在哈德逊湾以北被冰封数月，他险些弃船。

[13] 约翰·理查森（John Richardson，1787—1865）是一名海军外科医生，参加了19世纪20年代富兰克林早期的科珀曼河探险，他是这次探险中最具争议事件的核心人物，当时他怀疑一名队员谋杀和吃人，因此杀死了这名队员。几年后，他和富兰克林一起回到加拿大的北极地区，进行了一次更为成功的探险。1848—1849年，他与同伴一起寻找失踪的富兰克林探险队的下落。

[14] 威廉·帕里（William Parry，1790—1855），曾在1818年作为约翰·罗斯探险队中的一名军官首次前往北极。后来他又四次率领探险队重返北极。尽管帕里在第三次探险中未能找到西北航道，并且损失了一艘船，但他还是绘制了加拿大北极地区的大部分地图，成为19世纪上半叶最成功的极地探险家之一。在1827年的最后一次探险中，他首次带队冲刺北极点。虽然冲刺失败，但探险队成功到达了北纬82°45′，这一最北端的世界纪录保持了近50年。

[15] 乔治·弗朗西斯·里昂（George Francis Lyon，1795—1832）是一名海军军官，也是少数几个同时涉足酷热的撒哈拉沙漠和严寒北极的探险家之一，刚过20岁就成了颇具影响力的约翰·巴罗爵士的门生。1818年，他试图到达廷巴克图，但失败了。几年后，他担任第二次寻找西北航道的帕里探险队的船长。由于一些不可控因素，里昂后来领导的北极探险再次失败，自此他再未率探险队出征。

富兰克林、帕里和罗斯重返冰原

大家都认为约翰·富兰克林完全有理由拒绝再次远征北极，但在1825年，“吃靴子的人”又一次踏上了荒原探险之旅。同行的还有乔治·巴克和约翰·理查森。富兰克林带领探险队沿着加拿大的麦肯齐河到达北冰洋的入海口后，探险队分为两组，各自执行任务。富兰克林和巴克向西走，而理查森向东行进。1826年秋季，两组人员会合时，总行程达数千英里，共同绘制了1500多英里当时从未标明的海岸线地图。事后他们才知道，富兰克林探险队曾与弗雷德里克·比奇[16]探险队的一艘船相距不到150英里，比奇指挥的探险队是从白令海峡进入北极水域的。经历过探险失败的富兰克林证明了一点：从东面进入北极荒原，从西面离开北极荒原，这条路线切实可行。

比奇岛纪念碑

同年，威廉·帕里为挽回在摄政王湾探险失败后错失的荣耀，制订了远征北极的计划。次年5月，他抵达斯匹次卑尔根群岛，将计划付诸实施。他以令人钦佩的乐观态度写道："很少有探险计划如此简便可行。"不幸的是，他选择了一种打破常规的交通工具——船和驯鹿的组合。正如预料的那样，这一做法没有成功，帕里及其队员被迫在冰雪上拖着船前行。这是一项艰苦的工作，他们很快认识到，到达北极点的期望过于乐观。他们拖着小船艰难地前行，饥饿、疲惫和雪盲症让他们痛苦不堪。7月20日，帕里意识到承载他们向北缓慢前进的冰面正在向南漂移，妨碍了前进的步伐，他们不得不折回。7月26日，他们到达北纬82°45′，然后随着浮冰一起向南移动。虽然到达极点的计划不够周全，最终以悲剧收尾，但帕里比以往任何人都更接近极点。这项纪录保持了将近50年。这场溃败本会进一步毁掉他的声誉，但不知为何，他的形象不仅完好无损，而且在某种程度上得到了提升，公众似乎仍然给予他很高的评价。

眼看着帕里远征再次赢得了荣耀，约翰·罗斯也渴望重回北极。十年前他在兰开斯特海峡考察引发过争议，他希望能够挽回声誉。不幸的是，约翰·巴罗对罗斯的能力持怀疑态度，罗斯率领的远征军无法获得海军部的资助。于是他转而寻找私人赞助，经营布思杜松子酒生意的菲利克斯·布思最终被他打动。1829年5月，罗斯带领几名军官和一小队船员离开英国，登上了"胜利"号（此船配备了最新的蒸汽机，尽管事实证明蒸汽机完全不可靠，最终被废弃）。到了8月，罗斯和他的队员们已经越过了他在1818年备受争议的返程地点。这次征途不仅有了新的发现，还以资助者名字为此地命名，布思（又称布西亚）得以名震整个北极地区。探险队将布西亚湾和布西亚半岛标注在地图上，并准备在布西亚半岛的一个港口过冬。

詹姆斯·克拉克·罗斯[17]是约翰·罗斯的侄子，他曾参加帕里率领的三次北极探险，也曾参加他叔叔指挥的1818年那次失败的探险。叔侄二人的关系极度紧张，而且在以后的几年里变得更糟。老罗斯声称在兰开斯特海峡看到了一座山脉，小罗斯与帕里对此公开表示强烈质疑。尽管如此，老罗斯还是邀请他的侄子作为第二次北极探险的副指挥官。小罗斯成了探险队中最活跃的成员，他驾驶雪橇对布西亚半岛进行了一系列勘察，发现了一座新的岛屿，将其命名为威廉王岛。在冰原度过第二个冬天后，小罗斯成为第一个到达地磁北极的人。与地理北极不同，地磁北极是指南针指向的、北半球冰雪荒原中的一个微小的点，由于地核的磁场变化，地磁北极的位置会随着时间的推移不断改变。小罗斯自豪地插上英国国旗，用他自己的话说，“以大不列颠和威廉四世的名义宣布对地磁北极及其毗邻土地的主权”。

小罗斯的旅行收获为他叔叔的探险成就添上了浓墨重彩的一笔，但“胜利”号似乎注定要永远困在冰层中了，因此他们只能考虑返航交差。直到1831年8月，冰层破裂，船才可以移动，但行驶仅四英里后，再次被困。罗斯叔侄和队员们想尽办法都无法使船脱困，不得不继续在北极度过第三个冬天。1832年春天，老罗斯做出了艰难的决定：弃船。“在42年里，我曾在36艘船上服役，”他后来悲伤地写道，“这是我不得不放弃的第一艘船。”1832年5月29日，他率队离开“胜利”号，从陆路前往弗里滩（现在这里仍能找到帕里1825年远征的遗迹）。他们在7月到达目的地，发现“弗里”号上的一些小船仍然可以航行。逃生的希望刚刚升起，很快又被冰雪和糟糕的天气击碎。“弗里”号上的船下水后就像一年前的“胜利”号一样，只能航行几英里。罗斯的探险队注定要在冰原上度过第四个冬天。直到1833年8月，船只才终于脱困，得以进入开放水域。当时，船员们正饱受坏血病、冻伤和食物匮乏的折磨。当罗斯最终被一艘捕鲸船救起时，救援人员几乎不敢相信自己的眼睛——根据他们得到的消息，罗斯应该早已不在人世了。罗斯向他们澄清，那些消息不过是一场误会。

捕鲸者有足够的理由认为罗斯及其队员已经遇难，很多英国人也持类似想法。探险队即使大难不死，也必然会陷入极度的困顿。于是海军部开始筹集资金，乔治·罗斯也积极参与，因为罗斯探险队中有他的兄弟和孩子。海军部和乔治·罗斯共同委托乔治·巴克从陆路前往北极寻找失踪的罗斯探险队，查明失踪人员的遭遇及下落。巴克先到达毛皮公司偏远的贸易站，然后向北前往原先推测的探险队失踪地点。1834年春天，他带领队伍进入荒野时，幸运地发现罗斯探险队人员无性命之忧。这一好消息使他可以集中精力探索流入北冰洋的大鱼河（现名巴克河），并尝试绘制河口周围未知的海岸线。巴克成功地沿河前行，到达了大海，看到了威廉王岛，谨慎起见他未再继续向前，而是掉头折返，于1835年9月回到英国。

巴克不负所托，获得了提拔和赞颂，并受到巴罗爵士和海军部的好评。他被委派进行第二次探险，设法完成里昂十年前未能完成的任务——到达哈德逊湾最北端的里帕尔斯贝，然后从那里走陆路，前往他两年前调查过的那条河。现在他又多了一项任务：更详细地探查罗斯发现的布西亚半岛。巴克的这次旅程，如果说有什么不同的话，那就是比里昂的更加坎坷、波折。当他穿过哈德逊湾以北的冰冻海峡前往第一个目的地时，他的船——“恐怖”号被坚冰所困，困境持续了十个月。此外，“恐怖”号经常面临损毁的威胁，一度被周围的冰雪无情地推到40英尺（1英尺约为0.3米）高的悬崖上。不管怎样，它最终得以脱困。当船脱离了冰的包围，巴克便毫不迟疑地返航。他受够了北极，此后再也没有踏入一步。

毛皮公司曾为许多前往加拿大北极地区的探险队提供资助（有时并非心甘情愿的），但对探险本身兴趣寥寥。他们的主要兴趣是攫取利润，而不是扩充地理知识。然而，哈德逊湾公司出资组织了探险队，他们绘制的海岸线地图填补了富兰克林和其他人留下的空白。探险队名义上由彼得·迪斯领导，他是哈德逊湾公司的长期雇员，在英国人的荒野之旅中赢得了富兰克林的赏识。然而，最有影响力和最耀眼的成员是迪斯的副手托马斯·辛普森[18]，他将1836—1839年探险的成功归于自己，并宣布了新的探险计划。然而，这一切却戏剧地戛然而止了，因为他在穿越加拿大准备乘船前往伦敦的途中神秘死亡。据官方说法，辛普森谋杀两名同伴后自杀。对于这样一个雄心勃勃、自信满满的人来说，这种说法似乎不太合理，人们一直怀疑辛普森也是谋杀案的受害者。

---

[16] 弗雷德里克·比奇（Frederick Beechey，1796—1856）是一名海军军官，他的父亲是著名的肖像画家。1818年，他跟随富兰克林探险队第一次来到北极。19世纪20年代，比奇跟随其他探险队两次重返北极。比奇岛就是以他的名字命名的。

[17] 詹姆斯·克拉克·罗斯（James Clark Ross，1800—1862）是约翰·罗斯的侄子，两人关系并不融洽，经常发生争执。小罗斯在19世纪20—30年代参加了多次北极探险。1829年，他参加了叔叔的第二次探险，成为第一个到达北磁极的人。1839—1843年，小罗斯指挥“恐怖”号和“幽冥”号远征南极洲，发现了现在以他的名字命名的海洋，并绘制了南极大陆冰封海岸线的延伸图。1848年，他最先带领探险队寻找失踪的富兰克林一行人，但没有成功。

[18] 托马斯·辛普森（Thomas Simpson，1808—1840），出生在英国罗斯郡的丁沃尔，后参加了由哈德逊湾公司资助的探险，途中对麦肯齐河与巴罗角间的区域、大奴湖与科珀曼河间的区域进行了勘测。

富兰克林与搜寻探险队

到了1845年，西北航道的测绘工作已基本完成。由于一代代探险者的不懈努力，北极的最东端和最西端只余几百英里的未知海域尚未探索。这时已年过八旬的约翰·巴罗认为，这片未知海域的探索应由英国探险队完成。他写道："如果这项工作是由其他国家完成的，英国，由于自身的忽视……将会被全世界嘲笑。"是时候进行一次深入的探险，来打通这条通道的最后一环了。富兰克林此时已年近六旬，自上次北极探险归来，这些年他备受煎熬。在担任塔斯马尼亚总督期间，他争议缠身，最终被解雇。他渴望洗刷污名，他那野心勃勃的第二任妻子简更是如此——她急切地盼望丈夫能够重获荣耀。

富兰克林并非新组建的远征队领队的第一人选。巴罗曾邀请帕里和小罗斯担任领队，但两人都已经厌倦北极。乔治·巴克性情暴躁、喜怒无常，得不到海军部的赏识。领队人选只剩下了富兰克林。詹姆斯·菲茨詹姆斯[19]和弗朗西斯·克罗泽[20]被选为富兰克林的副手。30多岁的菲茨詹姆斯是巴罗的得意门生，但缺乏极地探险的经验。克罗泽年轻时曾与帕里一起参加北极探险，在小罗斯指挥的南极探险中还担任过副指挥。富兰克林指挥的"幽冥"号和"恐怖"号也曾在小罗斯的南极考察中服役，大家认为这两艘船能够应对在北极的所有突发情况。1845年5月，探险队从英国启航，海军部、新闻界和公众都一致认为，这支探险队与以前的探险队一样，装备精良。如果西北航道能被成功打通，将不虚此行。然而，19世纪30年代参加过探险的理查德·金博士却留下了一句耐人寻味的预言：被派往北极的富兰克林及其队员将会“变为冰山的一部分”。在某种意义上，金是对的。1845年7月26日，两艘捕鲸船在巴芬湾与“幽冥”号和“恐怖”号相遇，在此之后，富兰克林和他的129名同伴便杳如黄鹤，消失在苍茫无际的极地荒原中。

富兰克林探险队有段时间音讯全无，海军当局并未担忧过甚。正如预料，他们会消失一段时间，与文明世界失去所有联系。约翰·罗斯对富兰克林的指挥能力表达了担忧，他提出要带领一支私人探险队去寻找自己的老朋友，但他的提议遭到了断然拒绝。直到1848年，也就是富兰克林探险队出发三年后，海军部才意识到可能出了什么问题，需要对此展开调查。似乎是为了弥补之前的不作为，海军部同时派出了三支独立探险队，尽其所能寻找失踪的船只和船员。小罗斯带领两艘船——“调查者”号和“进取”号——完成了他的最后一次北极之旅，但这次旅行成为他杰出的极地职业生涯中不光彩的一笔。亨利·凯莱特领导的另一支探险队从白令海峡入海，他成功绘制了一些当时尚未在地图上标出的岛屿和海岸线，但未能发现失踪人员的任何迹象。年过六旬的约翰·理查森，曾在1819—1822年与富兰克林一起经历了失败的探险，与苏格兰医生约翰·雷[21]齐心协力寻找探险队。约翰·雷在哈德逊湾公司工作多年，是一位经验丰富的北极旅行者。这两人从陆路向着富兰克林探险队可能被困的荒原进发，也未找到任何踪迹。

用历史学家弗格斯·弗莱明的话说，几年之内，北极“遍布救援队”。他们面临的主要困难是，由于富兰克林最初的任务性质，他们无法确定富兰克林的航行路线。此外，他们也不能肯定，富兰克林当初进入的开放海域几年后是否仍然保持着畅通无阻的状态。北极荒野的面积之大，救援人员无异于大海捞针。

然而，救援队从四面八方不断涌入这片广阔的陆地、海洋和冰层。有些救援队自巴芬湾向西航行。1850年8月，伊拉斯莫·奥姆曼尼[22]首次发现了富兰克林在1845年7月遇到捕鲸船之后行踪的蛛丝马迹。他是霍雷肖·奥斯汀探险队中的一名船长。在比奇岛，奥姆曼尼发现了种种迹象，表明这里曾是富兰克林探险队第一个冬季营地的地点。他还发现岛上有三名探险队员的坟墓。

其他探险队则从白令海峡往东航行。“进取”号上的理查德·柯林森[23]和“调查者”号上的罗伯特·麦克卢尔[24]于1850年1月奉命离开英国，沿美洲的太平洋海岸航行进入北

富兰克林探险队1845年的冬季营地

极，进行联合探险。两艘船在智利海域分道扬镳，拆分成两支独立的探险队。麦克卢尔率先穿越白令海峡，很快便陷入困境。一年后，柯林森也步其后尘，遭遇类似险境。现在海军部不得不派出新的救援队去救援二人。1852年，爱德华·贝尔彻[25]被派去寻找富兰克林，同时尽可能找寻杳无音信的柯林森和麦克卢尔的踪迹。麦克卢尔率领的探险队长期遭遇叛逃、军官抗命和饥饿的侵扰，他为此苦恼不已。1853年春，麦克卢尔被迫弃船，幸运的是，他被贝尔彻探险队的雪橇队救起，并被带上贝尔彻探险队的船。值得一提的是，麦克卢尔和他的队员因此成为第一批穿过西北航道的人。

麦克卢尔经白令海峡进入北冰洋，弃船后被另一艘从大西洋驶来的船所救，这一耳熟能详的英雄故事无法穷尽其行为的英勇。又过了半个世纪，才有人终于率船通过西北航道，完成了从大西洋到太平洋的航行。麦克卢尔获救后并未脱离危险，他跟随贝尔彻探险队被迫在冰原上又熬过了一个冬天。贝尔彻决定返航，这次远征并不成功，因为他没能找到富兰克林探险队，还丢弃了远征的大部分船只，回到英国后将面临军事法庭的审判。他的队员碰巧遇到了麦克卢尔，但仍未查明柯林森的遭遇。事实上，柯林森在北冰洋航行了很长一段时间，只是与麦克卢尔失去了联系，然后又原路返回，穿越白令海峡。柯林森虽安然无恙，但也未发现富兰克林探险队的任何踪迹。

向来见解独特的约翰·雷最终发现了证据，可以证实“幽冥”号和“恐怖”号上探险队员的遭遇。这位苏格兰医生深入加拿大北极的偏远地区，那里可能是富兰克林探险队的最终落脚点。1854年3月，他遇到了因纽特人，从因纽特人口中得知，大约有三四十名白人在几年前的冬季死于饥饿。因纽特人还向雷出售银制的叉子和勺子，这些东西原先的主人正是失踪的两艘船上的官员。雷犯了一个错误：他回到英国后，如实汇报了因纽特人告诉他的事情。因纽特人称，这些白人的遗骸表明，最后的幸存者为了生存而自相残杀，不惜同类相食。当雷把这个事情公之于众时，来自公众和媒体的厌恶和怀疑的浪潮将他淹没。查尔斯·狄更斯，一个几乎病态地痴迷富兰克林命运的人，在这场浪潮中一马当先，驳斥雷从因纽特人那里收集到的报告是“野蛮人的胡言乱语”，他认为失踪的探险队员在绝境中求助于雷所说的“最后的资源”，令人难以置信。他在周刊《家常话》中写道：“探险队员与他们的指挥官一样，历经重重磨难依旧行为高贵，堪称楷模。他们在宇宙间的重要性远超那些终日与鲜血和鲸脂为伴、喋喋不休的野蛮人。”根据狄更斯的说法，因纽特人看到的很可能是被路过的北极熊撕成碎片的尸骨。

查尔斯·狄更斯肖像

对海军部而言，富兰克林探险队的传奇已经惨淡落幕。探险队全军覆没，甚至在约翰·雷将那个令人厌恶的有关饥饿和自相残杀的故事带回英国之前，官方就已经正式宣布探险队员全部遇难。然而，简·富兰克林夫人却更加坚定地想知道她丈夫的遭遇。1857年7月，这位令人敬畏的寡妇自筹资金，雇请弗朗西斯·麦克林托克[26]指挥“福克斯”号，从阿伯丁出发率救援队远征。在北极，异常恶劣的天气妨碍了他的搜索行动，但他和他的队员在接下来的两年里进行了范围广泛的

“福克斯”号触上岩石

雪橇旅行，最终找到了新的证据。他们遇到的因纽特人讲述的故事与雷听说的在该地区饿死的白人男子的故事一致。和雷一样，因纽特人也向他们展示了来自富兰克林探险队员的手工制品。1859年5月6日，探险队发现了一个金属圆筒，里面装有探险队员写的两份探险笔记。第一份日期为1847年5月28日，多次提到当时一切安好；第二份的日期为1848年4月25日，有克罗泽和菲茨詹姆斯的共同签名，则叙述了截然不同的状况。据记载，富兰克林于1847年6月11日去世，另有9名军官和15名队员也已丧生。几天前，他们的船只被遗弃在冰层中，剩下的人次日前往由乔治·巴克于1834年首次发现的巴克河，探险队如果顺河前行可能会到达毛皮公司的贸易点，但奇怪的是，克罗泽并未朝可能寻得救援船只的方向前进，而是开始了漫长的跋涉，导致最终无人生还。麦克林托克的队伍发现富兰克林探险队员的部分物品散落在冰冷的陆地和一艘船上，船头上还有两具骷髅，这进一步揭示了富兰克林探险队的悲惨命运。

麦克林托克乘小船在海峡间航行

富兰克林探险队的遗物

当时，共有近20支探险队前去查探“幽冥”号和“恐怖”号的遭遇。尤其是麦克林托克的队伍，他们找到了足够的证据勾勒富兰克林探险队的大致路线图，认为富兰克林已经如愿找到了西北航道。位于威斯敏斯特教堂的富兰克林纪念碑铭文写道：“船员及他们挚爱的船长，伴随西北航道的发现而命赴黄泉。”事实上，富兰克林并没有发现西北航道。讽刺的是，富兰克林对极地探险的最大贡献很可能是他的失踪带来的后续故事。为了寻找失踪的富兰克林探险队，其他探险者绘制了广阔的荒野地图。部分探险者将注意力转向了新的目标——极点。

---

[19] 詹姆斯·菲茨詹姆斯（James Fitzjames，生卒年不详），12岁加入皇家海军，参加过英国的多次对外战争。在担任富兰克林探险队大副前，他曾经参加过横跨中东沙漠和山区的艰苦陆地旅行。

[20] 弗朗西斯·克罗泽（Francis Crozier，1796—1848），出生于爱尔兰，是一名海军军官，在19世纪20—40年代先后参加了六次极地探险。他与小罗斯是挚友，在罗斯南极水域航行中担任副指挥。他在富兰克林命运多舛的最后一次探险中同样担任副指挥，在富兰克林死后继任指挥官。据推测，在探险队船只被困冰层后，克罗泽和其他船员试图走到安全地带，但以失败告终，因此丧命。

[21] 约翰·雷（John Rae，1813—1893）是一名苏格兰医生，曾在哈德逊湾公司工作。1846—1847年，他在加拿大极北的布西亚湾广泛游历。几年后，他多次旅行，寻找有关约翰·富兰克林爵士及其部下的信息。他从因纽特人那里收集到了一些证据，发表了饥饿的探险队员同类相食的报道，在英国社会引发了恐慌和质疑。

[22] 伊拉斯莫·奥姆曼尼（Erasmus Ommanney，1814—1904）是一名海军军官，拥有丰富的北极水域工作经验，被选中参加海军部早期发起的搜寻富兰克林的行动。1850年8月，他率领一艘船在比奇岛登陆，发现了富兰克林第一个冬季营地的遗迹。

[23] 理查德·柯林森（Richard Collinson，1811—1883）是长期搜寻富兰克林远征队的众多海军军官之一。1851年，他作为船长指挥"进取"号从白令海峡进入北冰洋，可惜并未发现富兰克林的踪迹，而在冰层中度过了两个冬天。

[24] 罗伯特·麦克卢尔（Robert McClure，1807—1873）在1848—1849年作为一名军官参加了小罗斯的探险队，寻找富兰克林和他的手下。随后，麦克卢尔率领"调查者"号从西部穿过白令海峡进入北冰洋，返回北极。1853年，他不得不遗弃"调查者"号，和队员乘雪橇穿过冰层后获救，被带到一艘从东方进入北极的船上。因此，他们实际上成为第一批从太平洋穿过西北航道到达大西洋的人。

[25] 爱德华·贝尔彻（Edward Belcher，1799—1877），曾和比奇一起前往白令海峡。1852年，他全权负责最后一次由政府资助的探险队，率船寻找富兰克林探险队。

[26] 弗朗西斯·麦克林托克（Francis McClintock，1819—1907）是一位经验丰富的北极旅行者，参加过几次北极探险，勘测了当时未知的海岸线。1857年，简·富兰克林夫人选中他指挥"福克斯"号去寻找她丈夫的踪迹。1859年，麦克林托克的探险队发现了记载富兰克林遭遇的书面证据和一艘载有两具富兰克林探险队员骸骨的船。

冰原上更多的灾难：凯恩、霍尔、乔治·德隆和美国的介入

除了英国人在搜寻富兰克林，美国人也参与进来。美国探险家中最耀眼、最执着的一位是埃利沙·肯特·凯恩[27]。他出生在费城的一个上流社会家庭，在1850—1851年的一次探险中担任首席医疗官，当时他和伊拉斯莫·奥姆曼尼同期考察了富兰克林最后的营地。回到美国后，凯恩就北极经历发表了一系列演讲，这不仅使他声名鹊起，还为新的探险吸引了资助。船商亨利·格林内尔是美国第一次北极探险的赞助者，他准备资助凯恩再开展一次北极探险。格林内尔是成千上万关注富兰克林命运的人之一，想了解富兰克林探险队是生是死。此次远征表面上是为了搜寻他们的踪迹，事实上，凯恩还肩负着其他重要的任务。

凯恩肖像

当时许多人都笃信开放极海理论，其中也包括去世不久的英国北极探险先驱约翰·巴罗爵士。人们推测，穿过可怕的冰层继续向北，将会进入畅通无阻的水域。穿越广阔海面，直通极点的路就会展现在眼前。凯恩口口声声表示要寻找富兰克

凯恩探险队返程时翻越冰丘

林，但他真正想做的是尽可能向北航行，沿着史密斯湾寻找开放极海。他的探险遭遇了一连串灾难：凯恩探险队的越冬地点比以往任何一个都靠北，队员们的身体情况每况愈下，有些人可能患上了坏血病。1854年3月，一次普通的雪橇旅行意外变成了一场绝望的救援行动，救援人员的处境和营救对象的状态一样糟糕。每个人，包括凯恩在内，从冰雪中艰难返船时都经历了短暂的精神错乱。“我知道我所有的同伴都疯了，”其中一名队员后来写道，“因为他们疯狂地大笑、胡言乱语、咒骂、发出病人般的尖叫和呻吟、像野兽一样嚎叫，总之，他们的疯狂和暴躁是我在精神病院都未见过的。”回到船上后，凯恩被迫切除脚趾，甚至有一名男子的整只脚都被冻伤了。几名队员丧生，然而幸存者的麻烦才刚刚开始。

大范围的雪橇探险带来了更多的苦难，探险队内部充斥着意见分歧和脱离队伍的情况，凯恩的领导能力因此受到严重质疑。探险队被迫在北极度过第二个冬天，由于补给不足，凯恩和几名队员前往比奇岛，希望可以遇到贝尔彻探险队并获得补给帮助，但他们很快就被迫返回。冬天快到了，凯恩不得不将队员分成两队：第一队选择和凯恩一起留在“前进”号上；第二队则选择离开，寄希望于能够安全抵达格陵兰岛的小型定居点乌佩纳维克。在外科医生艾萨克·伊斯特雷尔·海耶斯[28]的带领下，第二队于8月底出发，但很快就陷入困境。由于无法到达最近的村庄，这队人被迫建造了一个临时小屋来躲避恶劣的天气。最终，这队人决定及时止损，返回“前进”号。不出所料，他们的旅程变成一场噩梦。在12月初再次踏上“前进”号时，他们很庆幸自己还活着。

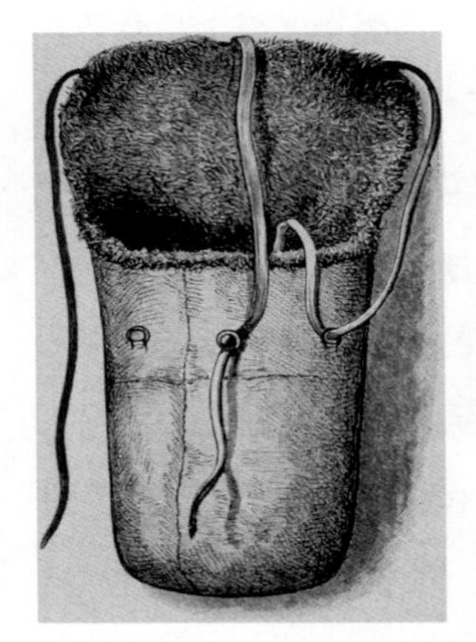
凯恩探险队所用三人睡袋

两队人员会合后，仍然必须等待冬季冰层充分融化，“前进”号才能到达开阔的水域。他们虽然会合了，但一点也不团结，一直在争吵和猜忌。有一个人逃到因纽特人的村庄，但被凯恩用枪威逼回来。

到1855年5月，“前进”号依然无法从冰中解困，这时人们也不可能在北极再熬过一个冬天。探险队唯一的希望就是弃船而去，拖着小船前往南方开阔的水域。一个月后，他们打算去往更南部的定居点，再次开始一段漫长而艰难的旅程。8月份，他们最终到达了安全地带。这次的探险可谓噩梦连连，但凯恩却从苦难中寻得了一丝慰藉。凯恩确信，1854年春天，两名队员在一次计划不周的雪橇旅行中，瞥见了他一直坚信的开放极海。几年后，艾萨克·伊斯雷尔·海耶斯再次来到北极，尽管他曾在北极有过恐怖的经历，但他带领探险队沿史密斯海峡向北航行，似乎也证实了开放极海的存在。

1857年，凯恩去世，去世时还不到40岁，但他的冒险精神一直鼓舞着世人。凯恩所著的图书成为畅销书，举办的巡回演讲场场爆满。他成了名人，成为许多人对北极重新产生兴趣的催化剂。查尔斯·弗朗西斯·霍尔[29]与众多阅读凯恩著作的人一样，这时还只会纸上谈兵。当凯恩的大多数读者一直停留在梦想效仿他的英勇行为时，霍尔已开始痴迷北极，并坚信自己会在那里取得伟大成就。不同于其他进入北极探险的人，霍尔既不是经验丰富的探险

霍尔肖像

家，也不是海军军官。他是一名来自辛辛那提的勤恳的印刷商和办报人。1860年，他从马萨诸塞州的新贝德福德市启航，开始了第一次北极探险，这也是他第一次出海。到达格陵兰岛时，他欣喜若狂。“感谢上帝，我终于来到了梦寐以求的北极，”他写道，“我要向格陵兰的山脉致意！”他绘制了数百英里的海岸线，从因纽特人那里获得了富兰克林探险队的信息，还了解了近三个世纪前马丁·弗罗比舍到达北极探险的事迹。霍尔对此次的经历非常满意，后来决定重返北极。

一回到美国，霍尔就着手计划第二次北极探险，但苦于美国南北战争爆发，无法筹集到探险所需资金。直到1864年，霍尔才筹到足够款项再次前往北极。这次探险长达五年，他首先到达里帕尔斯贝，然后前往威廉王岛。威廉王岛是詹姆斯·克拉克·罗斯于1830年首次发现的（但霍尔对此毫无了解），20年前富兰克林探险队员在这里遭遇惨烈。霍尔从因纽特人那里收集了更多关于探险队命运的口述证词，他也开始梦想做一些有意义的事情，而不仅仅是追随其他探险者的脚步。“给我资助，”他写道，“我不仅可以找到极点，还要勘测凯恩到达的最远地点到极点之间的所有区域，我会全身心地投入工作。”

霍尔是一个思想开明的探险家。他对因纽特人的态度理智、毫无偏见，可以说是那个时代唯一一个用因纽特人自己的称谓来称呼他们的探险家。他称因纽特人为“善良、好客、友善的种族”，与同时代的大多数人相比，他认为西方探险家在许多方面要向当地人学习。然而，他也是一个糊涂的人，偶尔脾气暴躁、不善领导。在他的第三次探险中，所有缺点都暴露无遗，并带来灾难性的后果。

开启第三次探险时，大家认为霍尔已经是一名经验丰富的极地探险家，因此他能够说服美国政府资助此次旅程。1871年6月，他指挥的“北极星”号从纽约起航。威廉·帕里曾在1827年梦想乘驯鹿到达北极点，霍尔此行的主要目标是努力成为第一批到达北极点的人。不幸的是，霍尔的最后一次探险危机四伏。当“北极星”号抵达格陵兰岛时，探险队充斥着意见分歧、违抗命令、公然叛变等问题。霍尔和跟随而来的科学家们闹翻了，船上的锅炉遭到破坏。船继续向北航行，霍尔和他的军官们就船应该行驶多远的问题产生了更大分歧（他们最终到达了北纬82°29′，是当时航船能到达的最北端）。9月初，探险队在格陵兰岛北部海岸的一个港口建立了越冬营地，但麻烦才刚刚开始。霍尔患了重病，于11月8日去世。他的疾病和死亡有些诡异，甚至有迹象表明他是被谋杀的。将近100年后，他的遗体被发现，从中检测出了大量的砷。远征队陷入更大的麻烦之中，酗酒和偏执的军官没有给远征队的任务带来任何帮助。霍尔下葬七个月后，一小队人被派往极点，但他们刚离开就被召回。“北极星”号转而驶向南方，但被困冰层。

1872年10月的一个晚上，这艘船面临着毁灭的威胁，探险队的一些成员敷衍塞责、试图弃船，结果被困在一块巨大的浮冰上，“北极星”号则带着剩余的十几个人消失在茫茫的夜色中。在冰雪中度过了又一个冬天后，船上的人于1873年7月获救。与此同时，他们昔日的同伴缺乏补给，也没有捕猎到海豹，在接下来的六个月里一直漂流在冰上。在经历了极度的饥饿、寒冷和恐惧之后，他们最终在1873年4月被一艘海豹捕猎船救起。

英国海军部仍在舔舐富兰克林探险队给其声誉带来的创伤，对北极不再感兴趣，北极很可能变成美国人忍受煎熬和享受片刻胜利喜悦的专属领地。19世纪60年代末，在海军上尉卡尔·科杜威[30]的带领下，先后两次从德国北部派出的小规模探险队，均以失败告终。1872年，一个新的国家出人意料地被载入极地探险的史册。奥匈帝国的北极探险计划是朱利叶斯·冯·佩耶[31]和卡尔·韦普雷希特[32]的提议。佩耶是一名军官，曾参加科杜威的第二次探险，韦普雷希特是一名海军中尉，对北极的兴趣由来已久。二人从挪威启航，不到一个月，他们的船就被浮冰牢牢困住。他们在天气变

佩耶

佩耶带领的“特格特霍夫”号被浮冰包围

佩耶探险队融雪

幻莫测的北极漂流，竟然发现了一个新的、荒凉的群岛，便以奥匈帝国皇帝弗朗茨·约瑟夫的名字来命名。后来，他们被迫弃船，乘着雪橇和小船拼命逃离了冰层，成功到达了俄罗斯大陆，回到自己的国家后才向人们讲述了这段经历。

过去20年，英国人佯装对北极失去兴趣，现在却又开始行动了。1875年9月，一支皇家海军探险队在乔治·内尔斯[33]船长的指挥下从朴次茅斯启航。他率领“阿勒特”号和“发现”号（此“发现”号并非斯科特第一次南极考察时指挥的“发现”号）穿过史密斯湾，向北进入现在以他名字命名的内尔斯海峡，探险队在冰原度过了一个冬天，但不想在冰原度过第二个冬天，因此于1876年夏天返航回家。这次探险最引人注目的成就并不归功于内尔斯，而归功于阿尔伯特·马卡姆[34]带领的雪橇队。阿尔伯特·马卡姆的堂兄克莱门茨·马卡姆后来成为斯科特船长的顾问，同时担任皇家地理学会主席，大力倡导开展南极探险。马卡姆在1876年春天出发时的最终目标是登陆北极，但很快就发现这个目标无法实现。令他担忧的是，尽管已经做了万全准备，但队员们还是患上了坏血病。到1876年5月初，相当一部分人几乎不能走路，更不用说拖雪橇了。5月12日，当他们到达北纬83° 20′ 时，马卡姆在冰上插了一面英国国旗，然后掉头返回。一个多月后，他们又回到了“阿勒特”号，但15人的队伍中已有一人死亡，除了三个人能自行登

内尔斯的“阿勒特”号和“发现”号

内尔斯探险队帐篷内景

船，其他人都是被抬回船上的。他们创造了最大限度接近北极点的新纪录，但也为此付出了沉重的代价。

尽管凯恩和霍尔的探险悲惨收场，但仍有许多美国人叫嚣着要在极北之地争得美名。其中最著名的是美国海军军官乔治·W. 德隆[35]。不幸的是，他所做的最特别的事情就是把自己的名字添加到了为追求北极梦想而牺牲的人员名单上。1879年7月8日，在纽约报业老板詹姆斯·戈登·贝内特的支持下，德隆从旧金山启航。贝内特之前曾派遣斯坦利前往非洲寻找失踪的利文斯通博士。德隆的最终目标是通过白令海峡到达北极。糟糕的是，“珍妮特”号抵达北极便很快陷入浮冰之中。后来“珍妮特”号载着德隆和他的船员们向西北漂流了近两年，直至被冰挤压，最后解体。探险队员被迫拖着三艘小船前往开阔的水域，然后驶向西伯利亚大陆。其中一艘载有查尔斯·奇普中尉和另外七名队员的船再也没有出现过。另一艘在首席工程师乔治·梅尔维尔的指挥下，成功抵达勒拿河三角洲，船上的人最终获救并返回美国。直到一年多后，梅尔维尔以非凡的勇气回到他差点丧命的地方，德隆本人和同行队员的命运才被揭开。梅尔维尔在勒拿河

德隆肖像

“珍妮特”号被困冰缝

德隆探险队遗体发现地

岸边一个被积雪覆盖的营地里发现了德隆一行人的遗体，他们全部死于寒冷和饥饿。

到了19世纪80年代，世界各地的探险家和科学家开始意识到，需要通过国际合作来扩展极地知识的疆域。德国科学家冯·诺伊迈尔和奥地利人卡尔·韦普雷希特是协调国际合作的积极分子。韦普雷希特是1872—1874年奥匈帝国远征队的领导人之一，于1881年去世，也正是在这一年，冯·诺伊迈尔推动的国际合作工作取得了巨大进展，即成立了第一个国际极地年机构。包括英国、美国、挪威和俄国在内的12个国家和地区签署了参与协议，联合组织了15次极地考察，其中大部分考察活动在北极地区开展，同时还建立了研究站。

洛克伍德起居角

这是极地现代科学考察的开端，但国际极地年的历史却带有悲剧色彩（令人困惑的是，首个国际极地年被误认为从1881年持续到1884年）。美国对国际极地年的最大贡献是海军军官阿道夫·格里利领导的富兰克林夫人湾探险队。格里利此前没有任何北极探险经验，但他在南北战争期间英勇非凡。格里利探险队在北极圈以北、一个他称作康格尔堡的地方安营扎寨。探险队的军官詹姆斯·B. 洛克伍德率领一支雪橇小队到达了更北端的北纬83° 24′，比马卡姆的纪录靠北几英里，但除此之外，这次探险并无其他成绩。由于迟迟得不到补给，1883年8月，格里利放弃了康格尔堡营地。探险队向南进发，格里利认为那里有存放食物和燃料的船只。他们被迫在恶劣的环境中度过了冬天。直至1884年救援人员到来时，他的25名队员中已有19人死亡（其中一人因叛变被格里利枪杀），幸存者不得不靠吃死去同伴的尸体生存。

---

[27] 埃利沙·肯特·凯恩（Elisha Kent Kane，1820—1857）是一名美国海军外科医生，是第一批寻找富兰克林及其部下的美国探险队中的队医。回国后，他成为极受欢迎的公共讲师、作家，倡导美国进一步参与北极勘探活动。他带领自己的探险队回到加拿大北极地区，探险期间被迫弃船，开始了孤注一掷的返航之旅。凯恩在探险过程中大部分时间都健康状况不佳，在医生的建议下，他去了古巴疗养，最后在那里去世。

[28] 艾萨克·伊斯雷尔·海耶斯（Isaac Israel Hayes，1832—1881）是一名宾夕法尼亚州的医生，在凯恩1853—1855年失败的探险中担任船上的外科医生。1860年，他带领自己的探险队来到埃尔斯米尔岛，他声称在那里看到了开放极海。海耶斯后来参加了美国内战，成为纽约州的一名政治家。

[29] 查尔斯·弗朗西斯·霍尔（Charles Francis Hall，1821—1871）是辛辛那提的一名报纸出版商，他在还未进行北极旅行之前，就已经对北极非常着迷。从1860年开始直至去世，他曾三次进行北极探险。他在最后一次探险中不幸丧生，据称是被探险队的队员下毒谋害。一个世纪后，埋葬在格陵兰岛的霍尔遗体被挖掘出来，尸检后也不能完全排除这种可能性。

[30] 卡尔·科杜威（Carl Koldewey，1837—1908）和其他许多极地探险家一样，是一名海军军官。在著名地理学家和制图家奥古斯特·彼得曼的支持下，他在1868—1870年领导了两次德国北极探险。两次探险的目标都是征服北极点，但均以失败告终。第一次探险被斯匹次卑尔根岛附近的坚冰阻挡；第二次探险时，他绘制了格陵兰岛部分地区的地图，但再次被无法逾越的冰层所阻。

[31] 朱利叶斯·冯·佩耶（Julius von Payer，1841—1915）是一名军官，在1866年的奥普战争中表现优异。他同时是一名著名的登山家，由于有攀登阿尔卑斯山的经历，被邀请参加卡尔·科杜威1869—1870年的第二次德国极地探险队。回国后，他与卡尔·韦普雷希特联手组织了两次奥匈帝国北极探险。第一次探险抵达新地岛，第二次探险在遥远的北方发现了弗朗茨·约瑟夫地。

[32] 卡尔·韦普雷希特（Karl Weyprecht，1838—1881）是一名奥匈帝国的海军军官，1871年他与朱利叶斯·冯·佩耶一起踏上了北极之旅，1872—1874年领导了北极点探险队，发现了弗朗茨·约瑟夫地。韦普雷希特是第一个国际极地年的主要推动者之一，但他并未等到自己的计划实现就因肺结核去世。

[33] 乔治·内尔斯（George Nares，1831—1915），十几岁就加入了海军，在19世纪50年代初搜寻富兰克林探险队的远征中担任初级军官。1874年，他指挥英国皇家海军"挑战者"号进行长时间的环球科学航行，后来被召回担任1875—1876年的英国北极探险队队长，率队试图到达北极点，但没有成功。

[34] 阿尔伯特·马卡姆（Albert Markham，1841—1918）是英国皇家地理学会主席克莱门茨·马卡姆爵士的堂弟，有着漫长而杰出的海军生涯，但被人铭记的却是他在乔治·内尔斯率领的英国北极探险队中做出的贡献。探险队未能实现到达北极点的目标，但马卡姆乘雪橇到达了北纬83°20′，创造了当时最北端的新纪录。

[35] 乔治·W. 德隆（George W. DeLong，1844—1881），1879年他在报业老板詹姆斯·戈登·贝内特的支持下，乘坐美国海军的"珍妮特"号前往北极，希望找到通往北极点的路线。这次航行简直是一场灾难，"珍妮特"号被困冰层，德隆和他的探险队员被迫弃船改乘小船前行。德隆乘一艘小船到达西伯利亚海岸，但在那里失去了生命。

最北端：南森和“弗拉姆”号探险队

与此同时，在俄罗斯的北极地区，一些夙愿终于得偿。与可能只是空想的地理上的西北航道不同，东北航道确实存在。到19世纪中叶，从大西洋经俄罗斯北部可以到达太平洋已毫无争议。尽管理论上如此，实际操作却非常困难，还从来没有人成功过，但是这种局面即将改变。瑞典籍芬兰人阿道夫·诺登舍尔德[36]因政治风波被驱逐出芬兰大公国（当时属于俄国统治），他曾在19世纪60年代和70年代初参加过一系列小规模的北极探险。1878年夏天，他指挥“维加”号启航，于8月驶过俄罗斯大陆最北的切柳斯金角。一个月后，“维加”号被冻在白令海峡附近的冰层中。欧洲人开始担心探险队可能会遇到麻烦（具有讽刺意味的是，乔治·德隆的一个次要目标是为诺登舍尔德提供帮助，而他本人实际上比诺登舍尔德更需要救援）。诺登舍尔德一行人在北极度过了一个漫长的冬季，然后在1879年7月航行到达了阿拉斯加的克拉伦斯港。

阿道夫·诺登舍尔德

“维加”号驶过切柳斯金角

东北航道成功开辟后，有些人仍然在加拿大北极地区进行类似的旅行，或者进行着试图成功到达极点的探索。最伟大、最有天赋的北极探险家此时登上了历史舞台。弗里乔夫·南森[37]最初是一名科学家。如果他当初没有选择到北极地区考察，那么他也许会因对中枢神经系统的研究而被世人所知，但可能不会像现在这么出名。1861年，南森出生在奥斯陆北部的一个乡村，奥斯陆当时被称为克里斯蒂安尼亚。成年后，他成为挪威滑雪、滑冰这

南森肖像

“弗拉姆”号启航

些民族运动的狂热爱好者。在克里斯蒂安尼亚的皇家弗雷德里克大学学习动物学时，南森已经是知名运动员了。作为长距离滑冰的世界纪录保持者，他在1880年首次获得全国越野滑雪冠军，后来又十次获得该项冠军。然而，随着南森在学术研究和体育活动领域不断取得进步，他的注意力转向了北极的探索和发现。1888年，南森和奥托·斯弗德鲁普[38]等人一起，首次由东向西穿越格陵兰岛。斯弗德鲁普成为南森志同道合的同伴，协助领导了南森组织的几次北极探险。

由东向西穿越格陵兰岛是一项重大成就，但这位挪威探险家现在有了更雄心勃勃的计划。他提出了一种大胆而新颖的旅行方法，即利用浮冰自然漂移到达北极点。一艘为应对冰层围困并经过适当加固的船将会进入西伯利亚附近的海域。如果船被困住，那么大洋底部东西向流动的洋流也会将它带到格陵兰岛。不久，南森就建造了一艘他称之为“弗拉姆”号的船，“弗拉姆”在挪威语中是前进的意思。他筹建了一支探险队，奥托·斯弗德鲁普作为副手。1893年7月，探险队从挪威出发前往新地岛，然后计划沿着西伯利亚海岸线向东，直到找到向西乃至向北的浮冰，南森希望浮冰群可以带他到达极点。不幸的是，事情并未按预期发展。航行进展极其缓慢，到1894年11月，南森意识到最初的计划显然行不通。他宣布了一个新的计

“弗拉姆”号上的全体队员

“弗拉姆”号受冰挤压

划，但这个计划还要等待四个月才能付诸实施。最后，在1895年3月，他和一位名叫哈贾马尔·约翰森[39]的同伴下船，带着雪橇、狗和滑雪板出发前往北极点。

起初进展顺利，但很快，南森原本认为对“弗拉姆”号有利的洋流却成为前进的阻碍。当他们奋力向北行进时，冰层开始向南漂移。也就是说，他们每向前走两步，移动的浮冰就会将他们往回带一步。南森计算得出，如果按照这个速度，他们将没有足够的食物往返极点，到时不得不撤退。两人向南返航前的最后一个营地在北纬86°13′，这个地点比格里利失败的雪橇队旅行到达地往北推进近三个纬度，但情况并不乐观，北极点仍然遥不可及。他们返回途中又碰到了新的困难——用来计算经度和安全方向的精密时计失灵。冰越来越湿滑，旅行变得更加困难。1895年8月，他们到达了自认为是弗朗茨·约瑟夫地的地方，但由于没有航海的必备条件，他们也无法确定这里到底是哪里。天气越来越糟，不久后他们被迫建造了一个越冬营地，能够狩猎，食物不再是问题，但他们必须忍受数月的煎熬，才能继续长途跋涉，回到文明世界。1896年5月，他们离开冬令营，再次启程。6月17日，正在吃早餐时，南森声称他听到了狗叫声。约翰森认为不可能，但南森坚持这是事实。

南森探险队所乘小船遭遇海象袭击

南森探险队乘雪橇穿越格陵兰岛

南森出去探查，不久便发现了雪地上站立的身影。那个人走上前，上下打量了一番，说："你不是南森吗？"这个人就是英国探险家弗雷德里克·杰克逊[40]，他正在绘制弗朗茨·约瑟夫地许多未知区域的地图。这是一次极其偶然的相遇，但如果没有这次相遇，南森和约翰森很可能会丧生，他们在北极努力获得的非凡成绩也永远不会为外界知晓。

回到挪威后，南森已经受够了探险。他把自己的才华奉献给了其他活动，并在挪威脱离瑞典再次成为独立主权国家的运动和谈判中担任领导人。第一次世界大战结束后，他成了国际联盟的难民事务高级专员，由于工作出色获得了1922年的诺贝

南森和杰克逊相遇

尔和平奖。南森本人没有再次冒险进入高北纬地区，但他在极地旅行中的创新、与约翰森史诗般的旅程以及他的光辉形象，对未来几代极地探险家影响深远。

[36] 阿道夫·诺登舍尔德（Adolf Nordenskjöld，1832—1901），南极探险家奥托·诺登舍尔德的叔叔，科学家、政治家和探险家，19世纪60—70年代他在斯堪的纳维亚和俄罗斯的北极地区进行了多次旅行。1878—1879年，他率领第一支探险队横渡东北航道。

[37] 弗里乔夫·南森（Fridtjof Nansen，1861—1930），又译为费里德乔夫·南森，是一位在研究动物学和神经生物学后转而开始探索极地的科学家。在1888年穿越格陵兰岛的一次探险后，他提出了一个利用冰层自然漂移到达极点的计划。他的

“弗拉姆”号开始在世界之巅漂流，但在冰层中停留了一年多后，依然无法跨越极点。南森和同伴哈贾马尔·约翰森一起离开“弗拉姆”号，试图徒步到达极点，但没能成功，他们在到达北纬86°13′后才承认此次探险以失败告终。于是他们冒着生命危险向南撤退，在弗朗茨·约瑟夫地遇到了英国探险家弗雷德里克·杰克逊，并获救。南森从此再未涉足探险活动，但他成了一位备受尊敬的政治家和人道主义者，并因在第一次世界大战后为难民所做的工作而获得诺贝尔和平奖。

[38] 奥托·斯弗德鲁普（Otto Sverdrup，1854—1930）是一名船长，与南森相识多年，后来这位年轻的挪威科学家和探险家邀请他参加穿越格陵兰岛的探险。1893—1896年，他成为南森“弗拉姆”号远征队的第二指挥官。南森和约翰森试图前往北极点，由斯弗德鲁普负责指挥“弗拉姆”号返回挪威。1914年和1921年，他率领自己的探险队两次前往北极。

[39] 哈贾马尔·约翰森（Hjalmar Johansen，1867—1913），20多岁时加入了南森的探险队，1895年与年长的南森结伴前往远北地区。在20世纪的头十年里，他参加了几次规模较小的北极探险，在乘坐南森的旧船前往南极洲时，被邀请加入阿蒙森探险队。约翰森在探险期间与领队发生激烈争吵，未能加入最后的极点小组。回到挪威后，他患上严重的抑郁症，终日酗酒，最终自杀。

[40] 弗雷德里克·杰克逊（Frederick Jackson，1860—1938）在结束格陵兰岛和西伯利亚的旅行后，被任命为皇家地理学会赞助的一支大型探险队的队长，率队探索弗朗茨·约瑟夫地。在这次探险中，他在北极荒野意外与南森和约翰森相遇，此时这两人正在征服北极点的旅程中奋力挣扎。如果没有杰克逊的帮助，他们未必能成功返航。

瑞典人和意大利人：所罗门·安德烈和阿布鲁齐公爵

还有一些人尽管知识储备和洞察力不如南森，但同样倡导利用新方法穿越北极。其中一位是在瑞典专利局工作的工程师——所罗门·奥古斯特·安德烈[41]。安德烈是一名气球爱好者，设想乘坐热气球穿越北极上空。于是开始筹集资金，准备乘氢气球进行一次旅行，他希望氢气球能把他从斯匹次卑尔根群岛带到世界之巅。这个想法在瑞典广受欢迎，国家科学机构以及炸药发明者阿尔弗雷德·诺贝尔为其提供了资助。1897年7月11日，安德烈、摄影师尼尔斯·斯特林堡、工程师库特·弗兰克尔乘坐热气球出发。

安德烈

斯特林堡是剧作家奥古斯特·斯特林堡的远房表亲。1930年，在这三人失踪30多年后，他们的遗体被发现，这一段探险故事也才得以流传。热气球的原始操纵装置从一开始就失灵了（气球的三根绳索有两根在起飞时丢失），安德烈和他的同伴在空中飞行了不到三天就被迫降落在浮冰上。他们拖着热气球上装载的雪橇，计划前往为应对意外事故而建立的补给站，但没有成功。后来他们到达了斯匹次卑尔根群岛东北部的一个小岛，但几人都患上腹泻且四肢肿胀（可能是因为食用了感染旋毛虫的北极熊肉），来到这里没几天就全部病亡。第一次利用热气球到达极点的尝试彻底失败了。

阿布鲁齐公爵[42]，即萨伏依–奥斯塔王子路易吉·阿梅迪欧·朱塞佩·玛丽亚·费迪南多·弗朗西斯科。在2011年哈里王子北极徒步旅行之前，阿布鲁齐公爵是最有社会声望的贵族探险家。1873年，他出生于马德里，出生时他的父亲是西班牙国王（在小儿子未满月时退位）。获封公爵必须拥有意大利王室成员的身份，阿布鲁齐还是统一意大利的第一位国王维克托·伊曼纽尔二世的孙子。阿布鲁齐北极探险期间，他的叔叔翁贝托一世是意大利国王。作为一名在阿尔卑斯山和阿拉斯加登山探险的老手，公爵在1899年将注意力转向北极。他和精心挑选的伙伴们乘坐“北极星”号前往弗朗

阿布鲁齐公爵

茨·约瑟夫地的最北端。原本打算在那里过冬，然后带领一小队人员前往极点。

不幸的是，冬季天气糟糕透顶。许多人都冻伤了，也包括公爵本人，他不得不切除了两根手指。阿布鲁齐公爵被迫放弃带队寻找极点的所有设想，将指挥权交给了翁贝托·卡尼[43]。1900年3月11日，卡尼带领部分队员和100多条雪橇犬从弗朗茨·约瑟夫地向北进发，雪橇犬拉着满载补给的雪橇。原定计划是让两支各由三个人组成的支援队到达指定地点后返回，卡尼和三名同伴尽可能靠近极点。只要支援小组按计划返回“北极星”号，该计划一定程度上就算成功（尽管其中一支队伍在途中消失得无影无踪，生死未卜）。但麻烦很快就来了，天气条件非常不利，他们无法按照原定的时间表完成行程。食物越来越少，他们很快就意识到无法到达极点了。4月25日，卡尼和同伴到达了北纬86° 34′，刷新了当时最北端的纪录，比南森和约翰森在1895年到达的地点还要靠北20英里。意大利人插上一面国旗后返航。起初，旅途看似轻松，但几周后就变成了一场绝望的生存竞赛。冰开始融化，朝着他们不想去的方向漂移。当他们想向东前往弗朗茨·约瑟夫地岸边的“北极星”号时，浮冰却带着他们往西走——走向毁灭。直到6月底，物资和燃料即将耗尽时，他们才终于艰难地回到船上。

[41] 所罗门·奥古斯特·安德烈（Salomon August Andrée，1854—1897），瑞典工程师，对航空十分感兴趣，他坚信乘坐热气球是到达北极点的最佳方式。1897年，他与两名同伴乘坐热气球出发以证明其猜想，自此之后杳无音信。直到1930年，人们才发现他们的下落。

[42] 路易吉·阿梅迪欧，阿布鲁齐公爵（Luigi Amedeo，Duke of the Abruzzi，1873—1933）是意大利国王维克托·伊曼纽尔二世的孙子，其父曾短暂地做过西班牙国王。他是欧洲等级最高的贵族成员之一，同时还是一名冒险家，环游世界以满足他对登山的热情。1899—1900年，他带领探险队前往北极，但以失败告终。

[43] 翁贝托·卡尼（Umberto Cagni，1863—1932），1899年随阿布鲁齐公爵前往北极。当时公爵因冻伤失去手指，无法带领探险队前往极点，卡尼接手了指挥权。他刷新了最北端的纪录，但没能到达极点。

罗尔德·阿蒙森的成功

几个世纪以来，英国和美国的探险队一直在寻找西北航道，希望能在大西洋和太平洋之间开辟一条全新的商业航道。成百上千人为此付出了生命的代价。罗伯特·麦克卢尔在19世纪50年代完成了从西向东的航行，但他在航行途中或是乘船，或是乘雪橇，或是和东部来的救援人员一起完成任务，整个旅程毫无传奇色彩。到了19世纪末，人们已经很清楚，在加拿大的北极地区，穿过迷宫般的重重岛屿、海湾和海峡，可以找到一条通道，但还没有一支探险队或一艘船独立完成全部航程。最终，一位挪威勇士完成了这项壮举。但颇具讽刺意味的是，人们很快便意识到，这条前人梦寐以求的海上航道实际上并无商业价值。

阿蒙森

这位挪威勇士就是罗尔德·阿蒙森。1872年，阿蒙森出生于挪威东南部费德列斯达附近的博尔格村。他的家族中不仅有人是船主，还有人是船长，但为了取悦母亲，他决定

“约阿”号甲板

学医。直到母亲去世后，他才转而航海。从孩提时代起，阿蒙森就对极地探险故事着迷（最喜欢富兰克林探险队的神秘故事），他的志向一直是去北极探险。阿蒙森十几岁的时候，南森穿越了格陵兰岛，这是阿蒙森渴望取得成就的另一个动因。然而，他参加的第一次大型极地探险却是去南极。1897—1899年，他担任“贝尔吉卡”号的大副，这艘船由阿德里安·德·杰拉什[44]担任船长，是第一艘在南极越冬的船。

回到挪威后，阿蒙森构思了西北航道探险计划。他首先咨询了勘探北极的元老人物南森，南森提出了许多建议，阿蒙森因此受益颇丰。他购买了自己的船——一艘名为“约阿”号的有47吨排水量的渔船，并招募了六名同伴与他一起完成这段艰难的旅程。1903年6月，资金出现了困难，债权人

“约阿”号被冰封在港口

威胁要收回渔船，阿蒙森不为所动，仍然带队离开奥斯陆前往巴芬湾。9月，阿蒙森到达威廉王岛，途中经过了以探险前辈名字命名的帕里海峡、詹姆斯·罗斯海峡、雷海峡等地。“约阿”号驶进了一个港口，即现在以船的名字命名的定居点约阿港，探险队在这个港口停留了近两年。直到1905年夏天，“约阿”号才再次踏上旅程。航船最终到达了剑桥湾，这里正是1852—1853年从白令海峡起航的理查德·柯林森曾经越冬的地点。至此，探险队完成了西北航道从东到西的全部航程。随着冬天的临近，阿蒙森急切地想将取得的成就传递给外界，探险队只好下船，再次在冰天雪地里过冬。阿蒙森行驶了800英里来到最近的电报站，发送电报将消息传回欧洲。至此，经过500年的努力，西北航道终于打通。

---

[44] 阿德里安·德·杰拉什（Adrien de Gerlache，1866—1934），比利时人，第一支在南极洲过冬的探险队领队。1898年2月，他和队员被困在冰原中，被迫花了一年时间，包括熬过几个月的极夜，才摆脱困境。后来，他又指挥“贝尔吉卡”号进行了几次北极海域的探险，但再未踏足南极。

第二章

1900年之前的南极

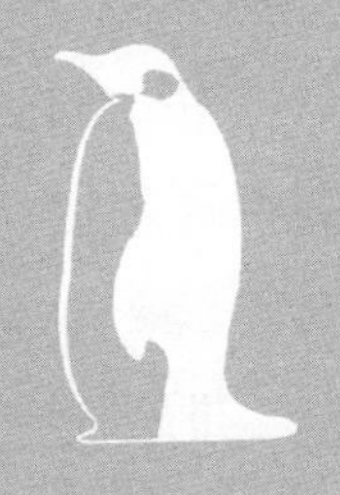

18世纪的南极航行：库克等人

18世纪中期，许多人仍然坚信存在未知的南方大陆，地理学家从古典时代起就认为必然存在与北方大陆对称的南方大陆。在过去的几个世纪里，荷兰人亚伯·塔斯曼等探险家一直在寻找这片传说中的大陆。人们认为，这片大陆气候温和、植被丰富，像美洲一样，是未知民族的家园。事实上，1642年12月，当塔斯曼在到达如今的新西兰时，曾误以为新西兰是延伸至南部海域的更广阔大陆的一部分。100多年后，关于南部大陆是有是无仍存在争议。因此，许多探险队，主要是法国和英国的队伍，纷纷出发去寻找这片神秘的大陆。菲利普·卡特雷特、萨莫尔·沃利斯[1]和路易斯·德·布干维尔[2]成功地环游了世界，但他们都没有发现南部大陆的任何迹象。布雷顿海军军官伊夫-约瑟夫·德·凯尔盖朗-特雷马克向南航行，发现了凯尔盖朗群岛，便以自己的姓氏命名该群岛。一开始，他以为自己可能发现了国王路易十五让他去寻找的那片土地，但事实上这里不过是一片荒凉的多岩石群岛。

最伟大的南极探险家无疑是英国约克郡人詹姆斯·库克。1768—1771年，库克开始了自己的第一次航行，他在太平洋的塔希提岛观测到了金星凌日，这是一种罕见但极其重要的天文现象。航行过程中，他首次在新西兰和澳大利亚东海岸登陆，宣布英国对该地的领土主权。后奉海军部之命，库克开始第二次航行，此次的任务是寻找南部大陆，同时确认第一次航行中见到的陆地是否为南部大陆的一部分。虽然库克认为南方大陆并不存在，但他决心尽其所能，厘清这个存在与否的问题。在高纬度环球航行时，他没有发现与几个世纪以来纸上谈兵的地理学家推测中相吻合的大陆。1773年1月17日，库克一行人乘坐“决心”号和“发现”号，成为第一批穿越南极圈的人。在此之前，他们已经在浮冰中挣扎了几个星期，天气越来越冷，队员们再也无法忍受。显然，航船已经处于危险之中，库克便率队转向北方。

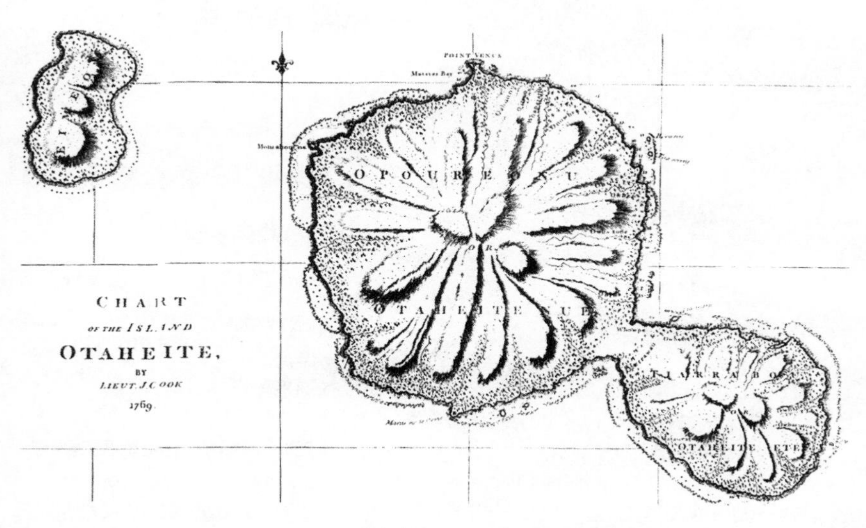

库克所绘塔希提岛地图

库克的航程使得地理学家过去所设想的南极大陆化为泡影（尽管在19世纪仍有一些人坚持这种想法），但他开辟了未来探险的新契机——可能存在于澳大利亚、新西兰和太平洋地区，以及库克发现的更南边的荒凉水域。也许未知种族居住的温带大陆并不存在，但地球的底端肯定存在一些未知区域。“我坚信，南极点附近确实存在陆地，”库克在1777年写道，“我们发现广阔的南大洋上的大部分冰层都从那里延伸而来。”因此需要其他探险者来确定这块土地的位置。

---

[1] 萨莫尔·沃利斯（Samuel Wallis，1728—1795），英国探险家，因1767年6月18日发现塔希提岛而闻名，当时他将该岛命名为乔治三世岛。

[2] 路易斯·德·布干维尔（Louis de Bougainville，1729—1811），出生在巴黎的巴雷杜贝克街，是一名海军军官，也是第一位完成环球航行的法国探险家。他因前往马尔维纳斯群岛探险和在太平洋航行而闻名。所罗门群岛最大的一个岛屿以他的名字命名，大家熟知的三角梅一开始也以他的名字命名。

首次发现与首次登陆：别林斯高晋和戴维斯

几十年后才有人确定了南部大陆的位置。1820年，人们首次看到了南极洲。

1785年，爱德华·布兰斯菲尔德[3]出生在爱尔兰科克郡。他在皇家海军服役期间逐步晋升为“安德洛玛克”号的船长，该船属于1819年秋季在南美洲海岸巡逻的海军中队。布兰斯菲尔德的任务是率领“威廉姆斯”号双桅帆船，前往南方考察如今的南设得兰群岛，该群岛在不久之前由英国水手威廉·史密斯发现。1820年1月，他和船员以及史密斯驶出南设得兰群岛，在1月30日瞥见了南极大陆最北端的特里尼蒂半岛。布兰斯菲尔德不知道，也不可能知道的是，两天前，俄国船长（后来成为海军上将的）法比安·冯·别林斯高晋[4]已经看到了南极洲，只不过他看到的不是特里尼蒂半岛，而是其他地方。作为绘图师和探险家，别林斯高晋比布兰斯菲尔德的航行成就出色得多。1803—1806年，别林斯高晋参加了俄国组织的第一次环球航行。1819年，沙皇又组织了一次大型的海军远征，别林斯高晋显然是指挥官的最佳人选。他率领两艘船从喀琅施塔得出发，经过英国前往南大洋，在英国遇到了年迈的约瑟夫·班克斯爵士。而50年前，约瑟夫·班克斯曾参加过库克的第一次航行。

布兰斯菲尔德是英国皇家海军军官，别林斯高晋则是受俄国沙皇委任南下的海军上校。19世纪20年代，来到南极水域的人大多与这二人目的不同，他们主要是为了捕猎野生动物。一位名叫纳撒尼尔·帕尔默[5]的美国海豹猎人，在年仅21岁时就带领他的第一艘船，开始寻找尚未被掠夺的海豹栖息地，并在1820年11月成为第三个看到南极大陆的人。

几个月后，1821年2月，另一位海豹捕猎者、英国出生的约翰·戴维斯可能是第一个真正踏上南极洲的人。这一说法备受争议，从未得到彻底证实。就算戴维斯一行人真的登陆了南极，他们也未逗留太久，只待了大约一小时。尽管戴维斯无法确定自己登陆的是不是南极大陆，但他确信，他所看到和踏足的领土不仅仅是一个岛屿。他在日志中写道:“我认为这片南方大陆应该是一个大洲。”

直到一个多世纪后，这片新大陆的全貌才被绘制出来。

---

[3] 爱德华·布兰斯菲尔德（Edward Bransfield，1785—1852），爱尔兰人，皇家海军军官。在美洲驻扎期间，他被派往南美洲南端勘察合恩角以南的岛屿。1820年1月，他成为第一批发现南极大陆的航海家之一。

[4] 法比安·冯·别林斯高晋（Fabian von Bellingshausen，1778—1852），海军军官，出生于现在的爱沙尼亚，在19世纪初期俄国组织的第一次环球航行中发挥了重要作用。1819—1821年，他担任俄国远征队的指挥官，首次发现了南极大陆并环绕它航行。

[5] 纳撒尼尔·帕尔默（Nathaniel Palmer，1799—1877），康涅狄格州的海豹猎人，1820年曾航行至合恩角以南。他和“英雄”号船上的人成为第一批看到南极大陆的美国人。南极半岛上的帕尔默地就以他的名字命名。

威德尔、罗斯和威尔克斯

南极海域的早期勘探者以海豹捕猎者和捕鲸者居多，他们将对金钱的渴望和勘探的兴趣完美结合。这些人中最成功的是詹姆斯·威德尔[6]。威德尔出生于1787年，年仅九岁时就开始了航海生涯。1819年，当第一次踏上南极之旅时，他已经在皇家海军和商船部门积累了丰富的职业经历。最初，吸引他的是崭新的海豹栖息地的商业前景，后来他逐渐对探索和绘制新大陆地图产生浓厚的兴趣。1823年2月，威德尔在第三次南极航行中，率队驾驶“珍尼”号航行到南纬74°34′，创造了南行的纪录。出于爱国情怀，他以国王乔治四世的名字命名了此次旅程中发现的海洋，但自1900年以来，这片海一直被称为威德尔海。

七年后，商船水手约翰·比斯科[7]受雇于总部位于伦敦的恩德比父子公司，在南部海洋探索航行并寻找新的捕鲸场。在南设得兰群岛短暂逗留后，比斯科继续向南航行。在这次漫长的旅程中，比斯科成为继库克和别林斯高晋之后第三个环游这片未知大陆的人。途中他发现了新海岸的两个重要延伸地带，分别命名为恩德比地和格雷厄姆地，前者以其赞助人的名字命名，后者则以当时英国海军大臣的名字命名。

在美国，有些人认为，比斯科发现的格雷厄姆地只不过是帕尔默半岛的一部分，十年前已经由美国海豹捕猎者纳撒尼尔·帕尔默发现并命名。事实上，主张帕尔默是最早发现者的人认为南极对于美国的利益十分重要，建议美国加大对南极水域的考察力度，但美国相关部门对这些人的建议置若罔闻。诺曼底贵族朱尔斯·迪蒙·迪维尔[8]认为，英国的海豹捕猎船和捕鲸船能做的，法国海军军官可以做得更好。他率领“星盘”号和“支持者”号经威德尔海最南端驶入南极水域。此时的迪维尔已经声名鹊起。1820年，他在周游希腊群岛时，发现了重要的古典雕像——米洛斯的维纳斯。为了追名逐利，他冒险南下，抵达南设得兰群岛，他和队员们绘制出地图中未标注的其他岛屿，但浮冰使他们陷入困境，队员们开始患上坏血病。1838年2月，迪维尔被迫折返，折返地点距离威德尔海十分遥远。在太平洋和塔斯马尼亚岛休养了18个月之后，他再次南下，这次他希望到达南磁极。此行，法国人的希望再次落空，但也并非毫无收获，迪维尔发现了一段遥远的海岸，并以他妻子的名字将其命名为阿德利兰，这也成为当今法国主张南极洲主权的历史原因。以航行中的所见所闻为基础，迪维尔撰写了一份多卷本的航行报告，这份报告在几年后出版。不幸的是，迪维尔没有等到举世闻名的巅峰时刻就去世了。1842年，一列火车在凡尔赛附近脱轨，造成50多名乘客罹难，其中包括这位探险家和他的妻子。

美国人对南极水域的勘探尝试终于取得了实质性进展。1838年8月，由查尔斯·威尔克斯[9]率领的美国官方探险队从弗吉尼亚出发。威尔克斯是“文森斯”号的船长，掌管着一支小舰队。除船员外，还有一小队矿物学和语言学领域的专家随行。这次远征长达四年，威尔克斯一行人绕地球航行了数千英里。航行过程中，他们两次进入南极水域，一次是在1839年的上半年，另一次是在第二年的同一时间段。威尔克斯沿澳大利亚南部海域的浮冰边缘航行了一千多英里，途中多次观测到陆地。为纪念威尔克斯的成就，以及他的观测首次证明南极洲是一个大陆，他观测到的这一部分陆地被命名为威尔克斯地。

查尔斯·威尔克斯肖像

威尔克斯所绘南极大陆景观

威尔克斯所绘冰障

威尔克斯所绘狂风中的“文森斯”号

在迪维尔和威尔克斯航行有新发现的同一时间，经验丰富的英国探险家詹姆斯·克拉克·罗斯也正在南大洋探险。事实上，很少有英国探险家比他更有经验。正如我们所知，他曾和叔叔约翰·罗斯爵士以及威廉·帕里爵士一起探险，在北极探险方面久负盛名。20年来，他每年都会在北极待上一段时间，甚至在冰原度过了八个冬季。1839年，他带领一支探险队远征南极，将自己的名字镌刻在南极洲（如罗斯海、罗斯冰架），成为19世纪最伟大的极地探险家之一。正如八年前确定了地磁北极的位置一样，他现在希望找到与之对应的地磁南极。1841年初，他在霍巴特受到时任塔斯马尼亚总督的约翰·富兰克林的款待后，率领着“幽冥”号和“恐怖”号穿越南极圈，不久便看到了向南无限延伸的海岸线。因无法在那里登陆，他们只得以新女王的名字将此处命名为维多利亚地来聊以自慰。

除此之外，探险队还有更惊人的发现，他们看到了两座火山，其中一座“喷出大量的火焰和烟雾”，罗斯便以两艘船的名字为火山命名。然而，他向南航行的精力已经到达极限：他看见一个巨大的冰架横亘在地平线上，挡住了去路。这个冰架就是后来以他的名字命名的罗斯冰架。随着“幽冥”号和“恐怖”号越来越接近冰架，罗斯意识到他们无法再继续前进了。“与其穿过如此之大的冰架，还不如从多佛的悬崖中驶过来，”罗斯评论道。3月8日，从浮冰脱困后，罗斯做了短暂停留，他想证实他的美国对手威尔克斯遥望的陆地实际上是一片开阔海域。之后，探险队返回塔斯马尼亚，再次受到富兰克林的热烈欢迎。后来，罗斯在1842—1843年两次南下。1842年的航行中，他到达了比前一年折返地纬度更高的地点，但又一次被冰障阻挡，被迫返航。在马尔维纳斯群岛度过一段痛苦的岁月后，他越过南极圈的第三次航行甚至不如第二次成功，于是只好返程。“幽冥”号和“恐怖”号在1843年9月抵达英国，此时距离探险队首次出发进行南极探险已经过去了将近四年半。

---

[6] 詹姆斯·威德尔（James Weddell，1787—1834）是一名经验丰富、热爱探险的水手，1819—1824年，他多次在南极水域航行。表面上，他的目的是捕猎海豹，但他对发现新土地同样兴趣十足。1823年2月，他在后来以他的名字命名的海域向南航行，比以往任何人都更靠近南极大陆。

[7] 约翰·比斯科（John Biscoe，1794—1843），1812—1815年英美战争时，他在英国皇家海军服役，之后成为商船船长。1830年，他被恩德比父子捕鲸公司选中，带领探险队寻找新的猎场。比斯科是历史上第三个环游南极大陆的人，他在南极发现了几个重要的地点，以赞助人以及当时海军部第一大臣的名字命名了新发现的地区。

[8] 朱尔斯·迪蒙·迪维尔（Jules Dumont D'Urville，1790—1842）是一位知识渊博的法国海军军官，在“米洛斯的维纳斯”的发现过程中发挥了重要作用。他在19世纪20—30年代先后率领探险队前往太平洋和南极洲，发现了南极大陆上的阿德利兰，这是以他妻子名字命名的地方。1842年，他和妻子在法国首例重大铁路事故中丧生。

[9] 查尔斯·威尔克斯（Charles Wilkes，1798—1877），海军军官、“文森斯”号船长。1839—1840年，他带领美国探险队进行了两次意义重大的南极水域之旅。时至今日，南极的部分陆地仍以他的名字命名。

挪威人及其他：
拉森、布尔、德·杰拉什和博克格雷温克

在接下来的50年里，人们对南极地区的兴趣逐渐消退。相比远南，极地探险者似乎更容易在远北扬名立万，因为在北方水域寻找鲸鱼和海豹的商业活动比在南极水域更容易开展，也更有利可图。在半个世纪里，几乎没有人再去南极航行，因为没有折服他们的理由。直到19世纪90年代，人们对该地区重新产生了兴趣。对于那些抱有商业目的（如捕鲸者和捕猎海豹者）和想要填补世界地图上最大空白区域的人来说，南极洲再一次成为圣地。1890—1905年，向南航行的探险队数量达到了两位数。1892—1893年，挪威人卡尔·拉森率领"詹森"号航行，发现了大片陆地。伟大的南森在格陵兰岛水域也曾使用过"詹森"号。另一位挪威人亨利克·布尔像拉森一样，也获得了一家捕鲸公司的资助。1895年1月，他带领"南极洲"号停靠在詹姆斯·克拉克·罗斯发现的维多利亚地最北端的阿代尔角，几名船员登岸。

三年后，比利时海军军官阿德里安·德·杰拉什带领的探险队成为第一批在南极越冬的人。1898年2月下旬，探险船"贝尔吉卡"号被困在别林斯高晋海的浮冰中。大约三个月以后，极夜来临，这样的困境持续到了7月底。直到次年3月，

切割冰面使“贝尔吉卡”号脱困

探险队才终于冲破冰层，继续向北航行。在德·杰拉什的队伍中，有两个人在未来的极地探险史上扮演着更重要的角色，一个是在北极探险史上负有盛名的弗雷德里克·A. 库克[10]，另一个是在地球的两极探险中建树颇丰的罗尔德·阿蒙森。美国内科医生库克赢得了同伴们的尊敬，因为他在漫长的黑夜中不遗余力地帮助他们维持身心健康；而此时，20多岁的挪威人阿蒙森正在

弗雷德里克·库克

“贝尔吉卡”号上担任大副。

1899年3月14日，在“贝尔吉卡”号破冰前几周，另一艘名为“南十字星”号的探险船抵达了南极大陆的阿代尔角，并在此建立了基地。“南十字星”号探险队的领队是卡斯滕·博克格雷温克[11]，他的父亲是挪威人，母亲是英国人，作为亨利克·布尔早期探险队的成员，他曾在南极洲待过一段时间。事实上，他声称自己是第一个踏上南极大陆的人（关于这个问题有很多争论，正如我们所知，戴维斯很可能比他早了70年甚至更久。甚至连博克格雷温克是不是探险队中第一个站在南极大陆上的人也存在质疑，航行中的其他人对此也同样保持怀疑态度）。在英国杂志出版商乔治·纽恩斯爵士的资助下，博克格雷温克带着一支包括生物学家、物理学家和其他科学家在内的探险队到达南极。探险队在阿代尔角过冬，尽管他们的同事、年轻的挪威动物学家尼科莱·汉森因某种肠道疾病去世，成为第一个埋葬在南极大陆的人，他们也并未因此退缩，仍然进行了重大的科学研究。随着冬天的结束，“南十字星”号继续向南航行，在后来被称为鲸湾的地方登陆。博克格雷温克和他的两名同伴成功攀登了后来被称为罗斯冰架的大冰障，并向南前行了一小段距离，到达南纬78°50′，创造了新的纪录。

阿德里安·德·杰拉什、亨利克·布尔和卡斯滕·博克格雷温克以各自不同的方式成功地领导了南极探险，在南极历史上取得了光辉成就。19—20世纪之交，最重要的远南探险即将在冰雪中来临，即斯科特的探险之行。

在我们审视斯科特的这次探险之前，有必要再次将注意力转向世界的另一端——北极点即将被征服，但当时的情况充满了争议。

---

[10] 弗雷德里克·A. 库克（Frederick A. Cook，1865—1940），19世纪90年代初，库克在罗伯特·皮尔里的带领下首次前往北极探险。1897—1899年，他是德·杰拉什南极探险队的医生。1903—1906年，他两次带领探险队到达麦金利山，第二次探险时他声称登顶了麦金利山，但后来证明这一说法并不可靠。他还声称自己在1908年4月到达了北极点，这一说法也被证明更多是出于他的想象而非事实。

[11] 卡斯滕·博克格雷温克（Carsten Borchgrevink，1864—1934），1894—1895年，他乘坐亨利克·布尔的捕鲸船首次前往南极洲。几年后，他成为“南十字星”号探险队的队长，也是第一个在南极大陆越冬的人。

第三章

谁是第一个抵达北极点的人

争议与辩论

皮尔里与汉森

弗格斯·弗莱明在《北纬九十度》一书中，称罗伯特·E.皮尔里[1]“无疑是极地探险史上最积极，也可能是最成功、最令人生厌的人”。1856年，皮尔里出生于宾夕法尼亚州，父亲去世后，年幼的皮尔里随母亲搬到缅因州。1877年他从鲍登学院毕业，获得工程学学位，四年后加入美国海军。然而，他在职业生涯中并没有实际担任过海军工程师。1886年，他在格陵兰岛西海岸的小港口戈德港登陆，这是他第一次接触北极。他计划乘狗拉雪橇向东旅行，横穿广袤的格陵兰岛，这将会是一次前所未有的壮举，但在进入内陆将近100英里后，他和他的同伴们不得不折返，计划以失败告终。皮尔里善于夸耀自身的努力和才能，这对他未来的事业大有裨益。他声称自己“比以前的任何白人都走得更远”。

身着极地服装的皮尔里

从19世纪90年代开始，皮尔里在1891—1892年、1893—1895年和1898—1902年先后三次到格陵兰岛探险。每一次都比前一次更向北推进，越来越接近他的终极目标——北极点。每次探险归国，他的名声都会更响亮一些。有两次探险，他的妻子约瑟芬·皮尔里[2]随行出征，成为第一个参加北极探险的西方女性。皮尔里在一次旅行中摔断了腿，在另一次旅行中因冻伤失去了大多数脚趾，他越挫越勇，生存技能不断提高，成为美国迄今为止最有经验的极地旅行者。皮尔里在很多方面是傲慢白人的缩影，比如他在对待所遇到的因纽特人时，展现了高人一等的傲慢态度。他的职业生涯中发生过一次臭名昭著的事件，他把一小群因纽特人带回美国展览，以满足公众的猎奇心理。但在因纽特人一个接一个患病、死亡后，他们的身体被剔肉留骨，骨头被陈列在纽约的美国自然历史博物馆，仿佛与陈列在那里的北极熊和其他北极动物没有区别。然而，与之前所有北极探险家相比，皮尔里更愿意向因纽特人学习，这也是他探险成功的关键。

1905年7月，他从纽约出发，开始了新一次的探险，乘坐以美国总统名字命名的"罗斯福"号向北航行，船长由罗伯特·巴特利特[3]担任，此人在皮尔里未来的生活和北极探险史上都扮演着重要的角色。在巴特利特的指挥下，"罗斯福"号穿过埃尔斯米尔岛和格陵兰岛之间的海峡，突破冰层、奋力前进，最终到达雪莱顿角的冬季营地。他们一直驻扎此地，直到天气适合才往向北500英里的极点行进。1906年3月，皮尔里和雪橇队出发了。几个星期以来，他们取得了很好的进展，但

“罗斯福”号

一些因素（如糟糕的天气、漂移的冰块和冰缝）减缓了他们的速度。无疑，这次皮尔里与北极点再次擦肩而过，但他依旧创造了新的最北纪录。据皮尔里说，1906年4月21日，他到达了北纬87°6′。回到美国后，他因将最北纪录进一步推近极点而备受赞誉。但一直有人质疑他的说法，质疑者指出探险队每天行进的速度令人震惊，皮尔里和他的同伴们真能像他们说的那样推进得那么远、那么快吗？三年后，伴随着他们到达极点的最后一次北极之旅，这个问题又被重新提及。

1908年7月6日，皮尔里从纽约启航，他知道这可能是他最后一次到达极点的机会。如今他已年过五旬，而北极的环境对中年男子并不友好。“罗斯福”号的船长仍然是罗伯特·巴特利特，他驾驶船向北航行，到了距离北极点500英里的埃尔斯米尔岛北海岸，探险队只能在此过冬。1909年2月底，皮尔里最后一次冲击渴望已久的目标。补给队在途中的不同地点折返，直到3月31日，在北纬87°47′，探险队与最后一支补给队分道扬镳；一队人返回基地，另一队人继续冲刺北极点。罗伯特·巴特利特本以为自己会留在最后的冲刺队，皮尔里之前也给了他承诺，然而，这位“罗斯福”号的船长最终只能大失所望地与补给队一起返回基地。两年后，在一次国会组织的听证会上，皮尔里直言不讳地谈到了他遣返巴特利特的原因，他说：“我不觉得我应该与别人分享荣誉，无论这个人多么能

“罗斯福”号甲板场景

干，他在这项工作上也只是投入了几年的时间。”换句话说，皮尔里不想与任何人分享他的荣耀。

在备感失落的巴特利特返回埃尔斯米尔岛的营地时，皮尔里、马修·汉森[4]及四名因纽特猎人出发了，他们穿越最后的133英里到达了北极点。为什么皮尔里对他的对手和他认为的领地入侵者几乎病态地排斥，却能够同意非因纽特人加入这趟极地之旅？如果巴特利特是对手，为什么汉森不是？最合适的解释是马修·汉森是黑人。尽管皮尔里表面上对他无比钦佩和尊敬，但在他看来，汉森永远不可能成为真正的竞争对手。1866年，汉森出生在马里兰州，十多岁时成为商船水手。21岁时，汉森结识了皮尔里，之后几乎参加了皮尔里早期的全部旅行，现在他要分享皮尔里最伟大的胜利了。皮尔里说，4

到达极点的四名因纽特人

月6日，他们六个人到达了极点，圆了他半生的夙愿。然而，美中不足的是，当他返回文明世界时，才得知另一位探险家也声称自己已经到达了北极点。更令人恼火的是，这位探险家说他比皮尔里和汉森早了将近一年时间。皮尔里认为这一言论简直耸人听闻，即使发表这一言论的是与他相识已久的弗雷德里克·库克博士。

---

[1] 罗伯特·E. 皮尔里（Robert E. Peary，1856—1920），1886年皮尔里第一次来到北极，徒步进入格陵兰岛的内陆。随后的20多年里，他一直在追寻自己的终极目标——北极点。1891—1905年，他组织了四次北极探险。在1908—1909年的第五次探险中，他声称与马修·汉森及四名因纽特猎人一起到达了极点。回到美国后，他发现自己卷入了与弗雷德里克·库克的争论旋涡，库克声称他比皮尔里早一年到达了极点。皮尔里最终获胜，并被誉为第一个到达北极点的人，但现在的共识是，他不过是到达了非常接近北极点的地方。

[2] 约瑟芬·皮尔里（Josephine Peary，1863—1955），出生于马里兰州，1888年嫁给了罗伯特·皮尔里。她和丈夫一起进行了几次探险，是第一位在北极旅行的西方女性。1893年，他们的女儿玛丽·皮尔里在北极出生，她也因此成为第一位在北极分娩的西方女性。

[3] 罗伯特·巴特利特（Robert Bartlett，1875—1946），出生于纽芬兰，是20世纪上半叶最有经验的北极探险家之一。他先后参加了皮尔里带领的三次探险，但与1909年的极点之旅失之交臂，他对此耿耿于怀。1914年，在斯蒂芬森失败的“卡鲁克”号探险中，在探险船即将沉没之时，巴特利特英勇地穿越冰层施以援手。1926年，他担任船长，将理查德·伯德带到北极，完成了飞跃极点的目标。

[4] 马修·汉森（Matthew Henson，1866—1955），出生在马里兰州，他在1887年被罗伯特·皮尔里雇用之前，是一名环游世界的商船海员。他陪伴皮尔里完成了所有的重大探险，并加入皮尔里声称征服北极点的旅程，后来出版了游记《北极的黑人探险家》。

弗雷德里克·库克和悬而未定的主张

1865年，库克出生在纽约州的一个小镇上，父亲英年早逝，他随母亲搬到了布鲁克林。他在哥伦比亚大学攻读医学专业，获得医学博士学位一年多后，加入了北极探险队，担任队医。探险队的领队是罗伯特·皮尔里，两人在20年后将会展开一场激烈的争论。正如我们所知，从北极返回五年后，库克前往地球的另一端，他是登上德·杰拉什“贝尔吉卡”号的先驱之一，也是最早一批在南极洲过冬的人。在这两次探险中，库克表现出了堪称典范的决心，被同行视为坚强、聪明、勇敢的伙伴。20世纪初，库克已声名大噪，成为在世的极地探险家中最有才能的人之一。1901年，库克带领船队前往北极，救援可能遇到麻烦的皮尔里。他对皮尔里及其同伴的处境感到忧虑，但这位年长的探险家一意孤行，从不尊重别人的意见，对库克的担忧不屑一顾。库克为皮尔里提供了一些医疗帮助，并敦促他返航。皮尔里拒绝了，库克只好扬帆远航，留下皮尔里继续他的旅程。

1903年，库克自己组织了一次探险，前往阿拉斯加，绕北美最高的山峰麦金利山前行，绘制当时无人涉足的领土地图，并寻找登顶麦金利山的方法。可惜，他两次登顶麦金利山的尝试都失败了。1906年，库克回到阿拉斯加，他对外声称自己登上了麦金利山的顶峰，大家对此深信不疑。库克回到纽约，受到了公众的欢迎与称赞，并当选为纽约市探险家俱乐部主席。这时他已经准备好了将最雄心勃勃的计划付诸行动，向北极进发。他先是抵达格陵兰岛北部一个名叫安纳托克的小定居点，1908年春天离开此地，在公众视野中消失了一年多。当他重新现身时，向大家讲述了自己的北极历险记。据库克说，他在两名因纽特人的陪同下，乘坐雪橇穿越冰冻的史密斯海峡，前往埃尔斯米尔岛。从那里，他向西穿过岛屿，到达阿克塞尔·海伯格岛，然后转而向北。库克表示，他在1908年4月22日到达了北极点。“我已经成功地完成了在我之前失败的所有勇敢者的梦想，”他后来写道。不幸的是，并不是所有人都相信他的说法。

在随后的激辩中，皮尔里的支持者通过回顾库克早期的成就，认为库克之前曾发表过欺骗性言论。皮尔里的支持者认为，库克没有成功登顶麦金利山，他们说服库克的登山同伴艾德·巴里尔签署了一份宣誓书，否认登顶的说法（巴里尔签署宣誓书后得到了一大笔钱，怀疑者认为这份文件作为证据可靠性不足，但又无法证明库克确实登上了麦金利山顶峰。如今大家一致认为，他确实攀爬到了相当高的位置，但之后伪造了照片，造成完成目标的假象）。当然，未征服北极点却声称已经征服，这比未登顶北美最高峰却声称已登顶的行为更加恶劣。

库克极力捍卫自己言论的真实性。当批评人士指出他所提供的关于他到达极点的证据不可靠甚至根本不存在时，他悲愤地写道:“我是探险史上最屈辱的人。”他在与皮尔里支持者的舌战中落败了，这是他咎由自取，因为他没有做到他所宣称的事情。在库克发表关于到达极点的声明后不久，一位记者这样写道:“他将永远是世界上最伟大的骗子之一。正是这场骗局而非发现北极点使他‘永垂不朽’。”一个多世纪过去了，这句话似乎仍然是对于弗雷德里克·库克作为极地探险家最简洁、最真实的陈述。

皮尔里赢得了与库克的争论，余生中，他作为第一个到达北极点的人而备受赞誉，而他的对手几乎被所有人痛斥、不屑一顾。但现在看来，几乎可以肯定的是，皮尔里本人也犯有误导公众的罪行。在遣返巴特利特后，他的极地旅程不可能到达他所记录的距离，也不可能比他在1906年“最北端”之旅中记录的距离还要远。他可能已无限接近极点，但并未真正到达那里。皮尔里和库克都撒了谎并歪曲了自己的所作所为。多年以来，大多数人都认为，1908或1909年之前并没有人真正到达北极点。

第四章

征服南极点的竞赛

“发现”号远征：斯科特的第一次南极之旅

1868年，罗伯特·法尔肯·斯科特出生于德文郡。他的父亲约翰·斯科特在普利茅斯经营一家啤酒厂，尽管酒厂后来出现了财务问题，但他的家境还算富裕。斯科特家族的祖辈们曾在陆军和海军服役，他作为家族中的“保守派”，决定遵循这一传统。13岁时，斯科特成为训练舰“不列颠尼亚”号上的一名学员，从此开启了职业生涯。离开“不列颠尼亚”号后，他在世界各地的多艘军舰上服役，最初是海军军官候补生，然后晋升为中尉和上尉。1891年，他决定接受培训，成为一名鱼雷船指挥官，之后十年大多驻扎在地中海和海峡中队。斯科特谈不上才华出众，但在军事上也颇有能力，虽然1893年他指挥的一艘鱼雷船搁浅了，他的职业生涯仍然在缓慢而扎实地往前推进。19世纪末，斯科特的家庭发生巨大变故，在经历了一系列经济问题后，养活寡母和姐妹的重担便落在了他的肩上，他急需在海军部门寻求晋升机会，提高知名度。刚刚组织的英国国家南极考察队似乎为他提供了双重机会。

13岁的斯科特

与其他南极探险者不同，斯科特并没有打小就立下在南极冰原扬名立万的雄心壮志。他在《发现之旅》一书中写道：“坦白来讲，我并不钟爱极地探险。”如果不是命运安排，遇上了一位重要的导师，他可能一直是一名默默无闻的海军军官，而不受名望的困扰。这位导师便是克莱门茨·马卡姆爵士，他曾在1888—1900年担任英国皇家地理学会主席，是19世纪末重新激起英国人对极地探险兴趣的重要人物。马卡姆第一次注意到斯科特的时候，斯科特还在西印度群岛当海军军官候补生，当时这位未来的探险家赢得了一场航海比赛。11年后，皇家地质勘探局和英国皇家地理学会共同组建了英国国家南极考察队。斯科特和马卡姆在伦敦的一条街上偶遇，马卡姆说服斯科特申请领导这支探险队。令斯科特感到意外的是，他最终被授予了指挥权。

斯科特

克莱门茨·马卡姆爵士

筹备这样一次探险需要花费很长时间，距离两人伦敦大街上的会面两年多后，“发现”号探险队终于在1901年8月6日驶离英国。尽管斯科特和科学小组的负责人有些职责分工上的分歧，但在支持者的调解下，事情得到了圆满解决，船上的队员士气高涨。“发现”号停靠在新西兰的港口时，一名水手从主桅上坠落身亡，但这并不能浇灭斯科特和他的同伴们对探险的热情。

苏格兰科学家威廉·S. 布鲁斯[1]制造了一些小麻烦，他有北极和南极的航行经验，表示有兴趣加入斯科特的探险队。但他与马卡姆爵士闹翻了，最终未能成行。后来，布鲁斯组织了自己的探险队，马卡姆爵士难以原谅这一行为，因为布鲁斯厚颜无耻地将其命名为苏格兰国家南极探险队，与斯科特的探险队展开竞争。皇家地质勘探局的主席也对布鲁斯的不绅士行为感到愤怒。在“发现”号离开英国15个月后，布鲁斯指挥“斯科舍”号向南航行。后来，这两支探险队同时到达了南极洲。苏格兰考察队进行了有价值的科学研究，但在1904年夏天返回时几乎得不到公众的认可，直到最近几十年才被重视。

斯科特的竞争对手不只有布鲁斯，还有活跃于南极洲的其他探险队。在马卡姆爵士和其他国家志同道合者的热情倡导下，极地探险开始与国家声望紧密联系起来。德国人也希望在将来的荣耀中分得一杯羹。埃里希·冯·德里加尔斯基[2]经历过多次北极之旅，经验丰富。在“发现”号离开英国的同月，他带领一支探险队从基尔启航，从凯尔盖朗群岛向南航行时，他的“高斯”号被困冰层数月，直到1903年2月才脱困。此时，他已经搜集了足够多的科学资料，在接下来的25年里，一直忙于整理出版这些研究成果。芬兰裔瑞典地质学家奥托·诺登舍尔德[3]的叔叔是第一个在东北航道上航行的探险家。诺登舍尔德和一些科学家队员乘坐“南极洲”号前往南极，经验丰富的卡尔·拉森担任船长。诺登舍尔德和队员在冰雪中度过了一个冬季，进行科学研究。他们未曾预料到，这次计划出现了严重失误——“南极洲”号在返回接应诺登舍尔德的途中沉没了，探险队成员被困在了两个相距甚远的岛屿上，滞留了好几个月才获救。让-巴蒂斯特·夏科[4]是一位著名神经学家的儿子，他父亲的研究对西格蒙德·弗洛伊德产生了重大影响。1904—1905年，夏科带领法国探险队绘制了数百英里以前不为人知的南极海岸线。此时，斯科特的探险经历依然占据着英语世界的大部分新闻头条。

斯科特探险队囊括了极地探险史上的许多风云人物。爱德华·威尔逊[5]可能是斯科特手下最重要的一员，在两次远征中他们成了最要好的伙伴和最亲密的队友。1872年，威尔逊出生在英国切尔滕纳姆，父母都是医生。他从小就对自然史着迷，长大后在剑桥大学攻读自然科学，后来成为一名医生，但一场肺结核延误了他的行医资格认证进程。现在他将把自己在医学、自然史和艺术领域学习到的知识带到斯科特探险队。弗兰克·怀尔德[6]、威廉·拉什利、汤姆·克林[7]和埃德加·埃文斯[8]也在此次探险之列，他们在未来的探险中都发挥了重要作用。我们最熟知的探险家是船上的三副——欧内斯特·沙克尔顿。1874年2月，沙克尔顿出生在爱尔兰基尔代尔郡的一个小村庄，十岁时随家人移居伦敦。从达利奇学院毕业后，他成了一名商船队的职员，受雇于联合城堡公司。他从一个朋友那里听说了英国国家南极考察队的消息，他这位朋友的父亲是此次考察的主要资助者之一，便申请加入考察队。沙克尔顿的奇妙经历预示着他注定要成为极地探险英雄时代的伟大人物之一。

身着极地服装的沙克尔顿

1902年2月，斯科特驶入罗斯海，并在哈特角所在的岛屿上建立了基地，这个岛屿由冰层与附近的维多利亚地相连，他们希望从这里可以找到一条通往南极的道路。在极地之旅开始前，必须先要经历漫长而黑暗的冬季，斯科特一行人在此安顿下来，等待极夜的来临。

11月2日，斯科特终于踏上计划已久的南极之旅。他和威尔逊、沙克尔顿等人带着22条狗出发了，此行不仅行进速度缓慢，人和动物的食物供给也存在问题。12月时，他们必须杀死最弱的狗来喂养其他狗。到了圣诞节，沙克尔顿打算用自己的一只袜子包裹圣诞布丁来庆祝节日，此时他已意识到不会再有机会向极点前进了。1902年的最后一天，大部分的狗都死了，三个人则被冻伤、雪盲症和坏血病折磨。最终，他们在到达南纬82°17′后折返“发现”号。这次航行的距离比以往的纪录向南推进了300英里，但他们离极点还有近500英里。返程途中，几个人的情况都很糟糕，沙克尔顿比他的同伴们更虚弱，很长一段时间里，他都不能帮忙拉雪橇。此时，所有的狗都已经死了。斯科特回忆道，他不得不时常拖着沙克尔顿前行。沙克尔顿后来愤怒地否认了这一说法，但毫无疑问，回程时他的身体状态欠佳。1903年2月初，三个吃尽苦头的人终于回到了他们在麦克默多海峡的冬季营房，沙克尔顿搭乘救济船“早晨”号回国。沙克尔顿认为这样的结果是一种耻辱，他把这种耻辱和在南极洲出现的状况归咎于斯科特。无论如何，沙克尔顿都不想影响与探险家同伴日后的关系以及自己未来的事业。

“发现”号还将在南极洲停留一年，开展进一步的雪橇旅行。斯科特、拉什利和埃文斯从大本营向西进发，成为第一批冒险到达极地高原的人。同时，极南之旅激发了公众无限的想象力，沙克尔顿对他回国时受到的关注感到讶异。

埃文斯与威尔逊搭建双层帐篷

1904年秋，斯科特回国后，他发现尽管自己没能到达极点，但仍被视为英雄，并受邀参加了各种宴会，到处发表演讲，甚至国王都亲自邀请他到巴尔莫勒尔堡，聆听他鲜为人知的英勇故事。

---

[1] 威廉·S. 布鲁斯（William S. Bruce，1867—1921），出生在伦敦的一个苏格兰家庭，曾就读于爱丁堡大学，1892年首次乘坐捕鲸船前往南极洲。在之后的十年中，他多次前往北极，并担任1902—1904年苏格兰国家南极考察队队长。后来，由于缺乏资金，他被迫放弃横贯南极大陆的考察计划。

[2] 埃里希·冯·德里加尔斯基（Erich von Drygalski，1865—1949），出生于普鲁士的柯尼斯堡，即现在俄罗斯的加里宁格勒。作为一名科学家，他曾在19世纪90年代初带领两支德国探险队前往北极。1901—1903年，他率领“高斯”号探险队前往南极探险。

[3] 奥托·诺登舍尔德（Otto Nordenskjöld，1869—1928）是乌普萨拉大学的地质学教授，也是著名极地探险家阿道夫·诺登舍尔德的侄子。1901—1904年，他担任瑞典南极探险队领队，曾在格陵兰岛和阿拉斯加旅行，勇敢直面北极和南极荒原。后来他在瑞典哥德堡的街道上被公共汽车撞倒，不幸身亡。

[4] 让-巴蒂斯特·夏科（Jean-Baptiste Charcot，1867—1936），他的父亲是一位著名的神经科医生，他本人也是一名医生，但他热爱航海和探险。1904—1907年和1908—1910年，他两次担任法国南极考察队的领队，并首次绘制了绵长的南极海岸线地图。

[5] 爱德华·威尔逊（Edward Wilson，1872—1912），出生于英国的切尔滕纳姆，后在剑桥求学。他的学医之路一度因疾病而中断，但他仍然坚持完成学业并于1900年取得了行医资格。一年后，他加入了斯科特的探险队，成为其挚友，陪同斯科特和沙克尔顿进行了南极之旅。他是“特拉诺瓦”号探险队的首席科研人员，带领探险队在冬季前往克罗泽角、冲刺极点。返程途中，他和鲍尔斯、斯科特不幸在帐篷中去世。

[6] 弗兰克·怀尔德（Frank Wild，1873—1939），出生于英国约克郡，是一名海员，曾就职于斯科特的探险队。作为沙克尔顿的密友，他参加了沙克尔顿的远征队，成为到达最南端的探险队成员之一。1914—1916年，他担任了英帝国跨南极远征队的副指挥官。沙克尔顿英勇地乘船前往南乔治亚时，怀尔德留下来照顾被困在象岛上的队员。1921—1922年，他出任沙克尔顿最后一次探险的副指挥。

[7] 汤姆·克林（Tom Crean，1877—1938），爱尔兰水手，参加了爱德华时代几次最重要的南极探险。后来他加入了斯科特的探险队，1910年受邀踏上“特拉诺瓦”号探险之旅。他还参加了沙克尔顿的“坚忍”号探险队，与其并肩完成了从象岛到南乔治亚岛的救援任务。

[8] 埃德加·埃文斯（Edgar Evans，1876—1912），威尔士海员，他在“发现”号探险时展现的才能和耐力让斯科特印象深刻，被斯科特邀请参加第二次探险。尽管他有酗酒的恶习（在“特拉诺瓦”号启程离开新西兰时，他喝醉从船上掉了下去），但斯科特对他依旧非常尊敬，挑选他为最后冲刺极点的小组成员。从极点返回的路上，埃文斯跌入冰缝导致脑震荡，成为小组中第一个丧生的队员。

最南端：1909年沙克尔顿的探险

许多到访过南极洲的探险家觉得，他们仍然有未竟的任务。1908—1910年，法国人夏科乘坐“普尔夸帕”号返回南极，有了更多的新发现。而此时此刻，沙克尔顿仍在深思上次南极之旅惨淡收场的原因，他迫切地想要重返南极。在苏格兰实业家威廉·比尔德莫尔的资助下，沙克尔顿得以实现自己的计划，比尔德莫尔得到的回报则是探险队以他的名字命名了一座冰川。1907年8月11日，沙克尔顿率“宁录”号从英格兰出发，在新西兰短暂停留后，于1908年1月抵达南极水域。

沙克尔顿暗暗发誓，不主动靠近独属于斯科特的麦克默多海峡一带。他打算登陆爱德华七世地（这是他们乘“发现”号探险期间命名的地方），并在此进行一次开创性的气球飞行。当“宁录”号到达气球湾时，沙克尔顿发现，他上次到达之地的部分冰障已经裂开，不太可能再次在此扎营。

“宁录”号

“宁录”号漂浮在罗伊兹角的企鹅群栖地

他认为，唯一安全的建营基地是斯科特去过的地方，而他顾虑重重，想要避开哈特角（后来斯科特听说了他的顾虑，感到非常愤怒，因为他很难理解沙克尔顿怎么会认为南极洲的某些区域是“私人领地”）。

探险队分兵两路：一路是埃奇沃斯·大卫[9]、道格拉斯·莫森和阿利斯泰尔·麦凯组成的科学之旅团队，他们在1909年1月16日成功到达了南磁极点；另一路由沙克尔顿带队，向南进发、寻找南极点，这也是值得记载于极地探险史的一次旅行。1908年10月19日，沙克尔顿率三名队员出发：约克郡人弗兰克·怀尔德曾是“发现”号探险队中一名出色的水手，后来成为沙克尔顿最信任的部下；埃里克·马歇尔是剑桥大学毕业的外科医生，沙克尔顿说服他加入南极之旅；詹姆斯·亚当斯[10]是探险队的第二指挥官，他离开皇家海军预备队，自愿参加这次探险。探险队的第一个目标是越过沙克尔顿六年前与斯科特、威尔逊到达的最南端，这一目标于11月26日达成。第二个目标是离开罗斯冰架，爬上他们面前的巨大山脉，到达极地高原，这是沙克尔顿与斯科特、威尔逊一起探险时未能完成的任务。一条巨大的冰川（比尔德莫尔冰川）穿过群山，成为他们南下的道路。

他们希望高原上的旅途能轻松些，但新的问题层出不穷。物资短缺、气温骤降，人拉雪橇变得越来越吃力。正如沙克尔顿最后指出的那样：情况危急，队员们精疲力竭、饥肠辘辘，还要忍受高原反应和坏血病的折磨，他们竭尽所能向南行进。1909年1月9日，探险队到达南纬88°23′，距离南极点仅剩不到100海里。此时，沙克尔顿果断决定返航，可以说这是他职业生

“宁录”号探险队员挖掘被暴风雪掩埋的物资

涯中最勇敢的决定。铤而走险实现目标的诱惑巨大，但如果真的如此，探险队员将必死无疑。即使他们能够成为英雄，也只能是壮烈牺牲的英雄。沙克尔顿与许多极地探险的同行不同，他做出了明智的选择——返回营地。“食物就在前面，”沙克尔顿用戏剧化的方式写道，“但死亡悄悄尾随着我们。”由于口粮大幅减少，返程变得越来越困难。2月的最后一天，面黄肌瘦的四人回到了基地。探险队此时已经濒临崩溃，幸运的是，“宁录”号第二天就到达营地，载着他们返航了。

沙克尔顿回到英国，发现自己成了广受欢迎的探险英雄。他受到表彰，被封为爵士，在杜莎夫人蜡像馆拥有了自己的蜡像。他把基地建在麦克默多海峡，顾不上斯科特可能会因此感到不快。虽然克莱门茨·马卡姆爵士私下说他是“忘恩负义的无赖”，但老百姓们十分喜欢他。

现在，斯科特有了新的任务：超越对手，抢先到达南极点。

---

[9] 埃奇沃斯·大卫（Edgeworth David，1858—1934），威尔士地质学家，多数时间在澳大利亚工作。1907年，他加入了沙克尔顿的“宁录”号探险队，尽管年近五旬，大卫还是带领探险队成功完成了两项任务——攀登埃里伯斯山和确定南磁极的位置。

[10] 詹姆斯·亚当斯（Jameson Adams，1880—1962）凭借丰富的商船航行和皇家海军经验，1907年加入沙克尔顿的“宁录”号远征队，担任第二指挥官，成为1909年1月到达南纬88°23′的四个人之一。

新大陆：斯科特的探险悲剧

从南极回来后，斯科特成了家喻户晓的公众人物，走在街上都会被认出来。他娶了凯瑟琳·布鲁斯为妻，与一般海军军官的妻子不同，她是一位洒脱不羁的雕塑家。凯瑟琳比斯科特年轻十岁，她在巴黎求学期间结识了雕塑大师罗丹，并在伦敦与马克斯·比尔博姆、詹姆斯·巴里等文学家交往密切。她在插画家奥伯利·比亚兹莱妹妹的派对上认识了这位极地英雄，对于文艺界的社交活动，她显然比斯科特更加如鱼得水。二人婚后，斯科特仍然渴望重新开始他的探险生涯。沙克尔顿带着“宁录”号探险队凯旋的几个月后，斯科特宣布了自己雄心勃勃的再赴南极计划。

斯科特开始召集新队员，这次探险的资金来自政府资助和私人捐款。爱德华·埃文斯[11]曾是“早晨”号上的一名军官，此时正在计划自己的南极探险。斯科特与他会面，邀请他担任探险队第二指挥官，埃文斯欣然同意。爱德华·威尔逊被委任为科学团队负责人，团队成员包括地质学家弗兰克·德本汉姆——后来成为剑桥大学斯科特极地研究所的第一任所长，另一位地质学家雷蒙德·普里斯特利——他的事业前途一片光明，以及乔治·辛普森——后来成为第一任，也是任期最长的英国气象局局长。斯科特对科学研究投入了许多精力，德本汉姆在一封家信中写道:“他对我们的科学工作兴趣浓厚。”斯科特重金购买了“特拉诺瓦”号，主要招募皇家海军水手驾驶此船，其中威廉·拉什利、汤姆·克林、埃德加·埃文斯还曾参加过“发现”号远征。

1910年6月15日，“特拉诺瓦”号从加的夫启航，六个多月后抵达南极洲。经过一番讨论，斯科特选择以副手名字命名的埃文斯角作为营地，队员们将给养、狗、矮马和雪橇从船上卸下，他们希望这些物资可以为到达南极点助力。斯科特和队员们在南极洲期间，主力队员开展了不同的探险活动。极地探险的经典著作《世界最险恶之旅》由阿普斯利·谢里-加勒德[12]撰写，他曾在“特拉诺瓦”号上服役。

“特拉诺瓦”号

乍一看书名，只知道它是有关斯科特第二次探险的人可能会认为，这本书讲的是这次失败的极点之旅。事实上，“世界最险恶之旅”指的是谢里-加勒德在爱德华·威尔逊和亨利·鲍尔斯[13]的陪同下，从埃文斯角探险队营地到克罗泽角的一次早期探险。此行在南极极夜时开展，当时气温降至零下70多摄氏度，他们的目的是收集企鹅蛋。还有一支向北的小队，由军官维克多·坎贝尔指挥，他们的任务是在阿代尔角的基地进行探索和科考工作，德本汉姆将带领队员进行地质考察。然而，在公众的心目中，斯科特此次远征的成败取决于他是否到达了极点。

谢里-加勒德和坎贝尔

斯科特进军极点的计划实质上是一项复杂的后勤演习，在这场演习中，人、狗、矮马和摩托雪橇都必须协调一致。随着时间的推移、旅程的增加，补给队将逐批撤回营地，最后只留下一个四人团队向极点发起冲刺。演习的第一项任务是为极地探险队修建补给站并储备物资，以保证队员可以安全返

营地马场

回。1911年1月底，一部分人开始着手这项工作。但在南极，他们带来的矮马根本无法前行。负责照料矮马的陆军军官劳伦斯·奥茨[14]建议将它们宰杀食用、补充体力，这样队员才可以继续往南走，建立最后一个补给站。斯科特不同意这样做，最后，补给站的位置建在比原定地点向北30英里的地方。事后证明，这是一段生死攸关的距离。

其他队员返回埃文斯角过冬。直到10月24日，埃德加·埃文斯、威廉·拉什利和另外两个人才驾驶摩托雪橇出发，一周多后，大队人马赶上了他们。旅行一开始，队员们就发现摩托雪橇无法正常工作，他们在11月初抛弃了摩托雪橇，继续穿越大冰障，并在途中建造了多个补给站。第一小队通过冰障后返回；第二小队到达了比尔德莫尔冰川脚下，沙克尔顿认为这条冰川可以作为通往极地高原的路线；第三小队则是在到达高原后不久折向北方。

1912年1月3日，剩下的八人到达了南纬87°32′。在距离南极点150英里的地方，最后一支补给队按计划折返。这时，斯科特做出了整个探险过程中最具争议性的决定，他宣布亨利·鲍尔斯将加入极点冲刺小队。但之前所有的计划都是基于四人雪橇队制订的，这注定了极点冲刺小队的返程不会一帆风顺。对于这支增加了新成员的极地探险小队来说，五个人拖运物品比四个人更容易，但在返程途中需要消耗额外的口粮和燃料。

此时，爱德华·埃文斯只能与汤姆·克林、威廉·拉什利一道返回基地，他们三人都因不能参加最后的南极冲刺小队而备感失望。埃文斯患上了坏血病，同伴们不得不用雪橇拖着他前行。当他们离基地还有35英里的时候，几个人再也走不动了。濒临崩溃的克林只得将拉什利和埃文斯留下，蹒跚着独自去基地寻求帮助。

1912年1月17日，斯科特和四个同伴终于实现了目标，但他们只能在冲刺极点的竞赛中屈居第二。一个月前，阿蒙森已经带领挪威探险队到达了南极点。“极点。是的，已经到达极点，但情况与预期截然不同，”斯科特在日记中沮丧地

到达极点的五人，后排左起：奥茨、斯科特、埃文斯，前排左起：鲍尔斯、威尔逊

写道，“我们度过了可怕的一天……天呐！历经千辛万苦来到这里，却失去了优先权，这真是糟糕透顶。”他们所能做的只有进一步测量数据，然后心有不甘地拍几张照片，再长途跋涉回到位于埃文斯角的基地。此时，他们未曾料到，返程将会变得异常悲惨。

2月16日，埃德加·埃文斯晕倒在雪地上，无法继续前行，成为第一个牺牲者。他很可能之前就摔成脑震荡了，但同伴们都认为他体格强健、并无大碍。他的猝逝一定给其他人带来了极大的不安。剩下的四个人拖着雪橇，继续在白色的荒野中跋涉，对于返回基地之旅充满担忧。

奥茨的冻伤十分严重，导致他在一段时间内无法协助队友拖拉雪橇。3月17日，他意识到自己拖累了队伍，再也无法忍受现状。斯科特在日记中记录了奥茨惨烈的自我牺牲行为：“前天晚上他一直在睡觉，希望就此长眠，但昨天早上他还是醒了过来。当时帐篷外正刮着暴风雪，他说：‘我要出去走走，可能需要一些时间。’他走进了暴风雪里，从那以后我们就再也没有见过他。”

奥茨死后，仅存的三个人好不容易跌跌撞撞又往前行进了20英里。他们离补给点不远了，但再也无法继续前行。困在帐篷里的斯科特、鲍尔斯和威尔逊从容地准备迎接死亡。斯科特在旅行日记的最后一段写道：“我们每天都准备出发前往11英里外的补给站，但帐篷外一直都是漫天风雪。我们无法指望好事降临。虽然想坚持到底，但我们的身体越来

We shall stick it out
to the end but we
are getting weaker of
course and the end
cannot be far.
It seems a pity but
I do not think I can
write more —
R. Scott
Last Entry
For Gods sake look
after our people

斯科特最后的日记

越虚弱，死亡不会离我们太遥远了。这似乎很遗憾，我想我无法再写下去了。”在这些文字下面是一句潦草的遗言:“看在上帝的份上，请照顾我的家人。”八个月后，搜救队发现了这三人的遗体。

斯科特去世后的一个世纪里，他的名声起起伏伏。当他和同伴的死讯传回英国时，他被誉为英雄，只不过被命运夺走了应得的奖品。在英国，他的英勇故事几十年来被人们津津乐道。直到20世纪70年代末，随着罗兰·亨特福德修订的《斯科特和阿蒙森》传记的出版，两人不为人知的一面才呈现在大众眼前。亨特福德笔下的斯科特是一个自负、狭隘的傻瓜，他做出的错误决定激怒了手下，导致了不必要的死亡。与其说他是个英雄，倒不如说他是个小丑，根本不值得钦佩。

在英语国家中，沙克尔顿取代了斯科特，成为最受推崇的极地探险家。但在21世纪初，天平再次向斯科特倾斜。雷纳夫·费恩兹爵士在2003年的一本传记中为斯科特辩护，近期的其他传记作家也对亨特福德的荒诞说法进行了批判。新的研究几乎确凿地表明，正如斯科特在他的日记中所说，1912年，南极地区的天气状况异常糟糕，他们遇上了罕见的暴风雪。虽然斯科特是一个难以相处的领导者，也确实在探险的关键时刻做出了一些有问题的决定，但就算他是一个完美的指挥官，这次探险的结果也可能会因为天气原因而同样悲惨。

[11] 爱德华·埃文斯（Edward Evans，1881—1957），作为一名年轻的海军军官，曾在“早晨”号上服役，这艘船在1903年救援了斯科特的“发现”号远征队。1912年，埃文斯希望加入冲刺极点小组，但斯科特要求他带领最后一支供给小队返回营地。他在返程途中险些丧命，后因伤结束探险，回归海军职业生涯，最终受封海军上将和蒙特罗斯第一男爵。

[12] 阿普斯利·谢里-加勒德（Apsley Cherry-Garrard，1886—1959），年轻时是“特拉诺瓦”号探险队的一员，也是1912年11月发现斯科特、威尔逊和鲍尔斯遗体的搜救队员之一。1911年冬天，他与鲍尔斯、威尔逊一起前往克罗泽角寻找企鹅蛋，他在极地探险的经典著作《世界最险恶之旅》中描述了这段史诗般的旅程。

[13] 亨利·鲍尔斯（Henry Bowers，1883—1912），印第安皇家海军陆战队的一名年轻军官，曾参加斯科特的“特拉诺瓦”号探险队，因为他的鼻子像鸟嘴，所以被称为“小鸟”。1911年7月，他陪同威尔逊和谢里-加勒德踏上了所谓的“世界最险恶之旅”。五个月后，斯科特挑选他为冲刺极点小组的成员，在从极点返回营地的路上，不幸去世。

[14] 劳伦斯·奥茨（Lawrence Oates，1880—1912）是第六恩尼斯基伦龙骑兵团的一名军官，被派遣参加斯科特的“特拉诺瓦”号远征。他与其他三人陪同斯科特一起到达南极点。回程中，奥茨严重冻伤，患上坏疽，他意识到自己拖累了同伴，暴风雪中，他走出帐篷自尽时说出了那句著名的遗言：“我要出去走走，可能需要一些时间。”

阿蒙森的胜利

除了命运坎坷的斯科特，南极洲并不缺乏到访者。1910年11月，在陆军中尉白濑矗[15]的带领下，日本南极考察队从横滨出发，进军南极点。这支队伍在尝试登陆南极洲失败后，于1911年初被迫返回澳大利亚。1912年1月，白濑矗终于率领探险队抵达了南极大陆。此时，斯科特已经到达极点，阿蒙森则快要返回基地了。悉尼的报纸报道称，日本人发誓要抵达极点，否则就要切腹自尽。对此，白濑矗非常机智地表示，这种极端行为不可取。探险队对南极腹地开展了为期八天的仓促巡视，进一步考察了爱德华七世地的海岸线。在这里，日本人遇到了阿蒙森的“弗拉姆”号，这艘船正等待阿蒙森从极点返回。在荒芜之地，尽管日本人和挪威人语言不同、交流不畅，双方还是友好地共进晚餐、互相款待。与此同时，德国探险家威廉·费尔奇纳[16]在1911年末抵达南极大陆另一侧的威德尔海，他乘坐的“德国”号很快困于浮冰中。探险队无法登陆冰架，不得不在船上过冬，直到1912年9月，他们才从浮冰中脱困。

斯科特最大的对手还是挪威人，也就是白濑矗探险队遇到的挪威人。挪威探险队的领队阿蒙森已经因北极探险而闻名于世。成功穿越西北航道后，这位挪威探险家一直在寻找锦上添花的机会。他原计划征服北极点而非南极点，但当皮尔里宣布已经实现这个目标时，阿蒙森当机立断，立即向南航行，这是他在极地取得更大成就的唯一希望。1910年6月3日，他乘坐“弗拉姆”号离开奥斯陆，这艘船是20年前为南森设计和建造的。大多数队员一直认为他们的目的地是北极点，直到到达马德拉群岛，他们才被告知计划有变。与此同时，阿蒙森向澳大利亚发送了一封电报，让斯科特在抵达澳大利亚时仔细阅读。电报这样写道:“请允许我通知您，‘弗拉姆’号正在前往南极洲。”

离开马德拉群岛后，阿蒙森未再停歇。1911年初，“弗拉姆”号抵达了鲸湾，这是罗斯海的一个小海湾，位于斯科特营地所在的大冰障的另一端，沙克尔顿带领“宁录”号探险时命名了这个海湾（1908年，沙克尔顿曾考虑过将鲸湾作为他的基地，但又认为这里太危险了，阿蒙森似乎没有这样的顾虑）。阿蒙森的部下，包括南森1895年极北之旅的同伴哈贾马尔·约翰森，卸下补给，搭建他们称作“弗拉姆之家”的基地。然后，探险队向南铺设补给站，一切安顿好后，挪威人开始度过漫长的极夜。

春天刚一到来，阿蒙森就急忙出发了。他曾在9月过早地尝试进军南极点，几乎酿成灾难。约翰森为此跟他发生了激烈的争吵，在众人面前质疑他的领导能力（约翰森受到了惩罚，

弗拉姆之家

被禁止参加最后的冲刺极点之行，他的名字也被从探险史上抹去。他被遣送回挪威后，饱受酗酒和抑郁之苦，1913年在奥斯陆的一个公园开枪自尽）。10月19日，阿蒙森再次出发。与准备了多种复杂交通方式的斯科特不同，阿蒙森只选择了最简单的方法冲刺极点：队员使用滑雪板行进，狗拉雪橇运送补给。狗一旦虚弱不堪，就会被射杀，被幸存的动物和人瓜分。斯科特对这一方案也比较认同，他在信中写道："如果阿蒙森到达了南极点，那一定比我们早，因为他带着狗，速度肯定快。"斯科特的猜测的确没错，阿蒙森和他的四个同伴——滑雪冠军奥拉夫·比阿兰德[17]、参加过西北航道之旅的赫尔默·汉

比阿兰德

雪屋入口

威斯汀在工作区

森[18]、奥斯卡·威斯汀[19]，以及专业的雪橇狗骑手斯维尔·哈塞尔，都行进得十分迅速。

他们在11月中旬到达了冰架边缘，正如几年前的沙克尔顿一样，他们面临的问题是要攀登前方的高山，进入极地高原。此时，他们又发现了一座冰川（用探险队主要赞助者之一的名字将其命名为阿克塞尔·海伯格冰川，这条冰川成为他们进入高原的通道）。当到达冰川顶部时，他们在被称为“屠夫店”的营地里屠杀了大部分的狗，然后向他们的目标步步逼近。12月8日，他们通过了沙克尔顿曾到达的最南端位置，六天后抵达极点。在接下来的几天里，他们一行人用六分仪进行了一系列读数和计算，以确认他们确实到达了南纬90°，然后动身返回弗拉姆之家。在阿蒙森返回基地的八天前，斯科特和他的同伴们到达了极点，发现自己只能在征服南极点的竞争中屈居第二。

为什么阿蒙森成功完成了极点任务而斯科特却失败了？正如我们所知，过去几十年来斯科特遭受了许多不公正的批评，事实上他并不是一些传记作家大肆描绘的那种目光短浅的傻瓜。或许，对于如何到达极点，他并没有对手那么有远见。但斯科特的兴趣不仅是征服极点的比赛。在当时到访过南极洲的探险队中，“特拉诺瓦”号探险队的科学技术最先进、装备最精良，这一点从探险队回国后发表的大量科学研究报告中可见一斑。相比之下，阿蒙森则一心一意地追求征服极点的目标，他找到了一种简单而直接的途径，斯科特的方法则更复杂且难以付诸实践。因此，阿蒙森毫无意外地赢得了比赛。

---

[15] 白濑矗（Nobu Shirase，1861—1946），其父是一名神父，他在年少时就加入了日本军队。19世纪80年代，他参加了前往千岛群岛的探险。在没有任何政府鼓励和经济援助的情况下，他组织了1910—1912年的日本南极探险。

[16] 威廉·费尔奇纳（Wilhelm Filchner，1877—1957），年轻时曾在亚洲旅行，后来被选为德国南极考察队的领队，1911年带领探险队出征。这次探险原本的计划是完全穿越南极大陆，但费尔奇纳的船在威德尔海的冰层中被困了很长一段时间，受限于此，他对南极大陆的地图只做了小范围的补充。

[17] 奥拉夫·比阿兰德（Olav Bjaaland，1873—1961）是一名滑雪专家，曾在挪威等地的比赛中屡屡获奖。1910年，他加入阿蒙森的极地探险队，1911年12月与另外四人成功到达南极点。

[18] 赫尔默·汉森（Helmer Hanssen，1870—1956），他在乘坐“约阿”号成功穿越西北航道后，与阿蒙森一起前往南极洲。1911年12月，他和另外四人一起到达南极点。1919年，他又参加了阿蒙森的“莫德”号探险队。

[19] 奥斯卡·威斯汀（Oscar Wisting，1871—1936）是挪威海军的一名炮手。1910年，阿蒙森邀请他参加南极探险。1911年12月，当阿蒙森到达南极点时，威斯汀是随行的四人之一。后来，他与阿蒙森一起登上“莫德”号，并乘坐“诺格”号飞艇一同到达北极点。因此，可以说威斯汀和阿蒙森是最早到达地球两极的人。

第五章

北极 1910—1960

阿蒙森的陆海空之旅

皮尔里和库克谁先到达北极极具争议，此后几年里，其他北极探险队也陆续开展探险。克努德·拉斯穆森[1]出生于格陵兰岛，父亲是丹麦人，母亲拥有因纽特人血统。多年来，他一直在勘察格陵兰岛的偏远地区，研究丰富的因纽特文化。1912年，他开始了第一次图勒探险，这样的探险持续到1933年，也就是他去世的那一年。

俄国组织的几次探险均以失败告终。1912年，对俄国北极地区矿物资源感兴趣的地质学家弗拉基米尔·鲁索诺夫判断失误，他本打算穿越东北航道前往太平洋，但没有成功。亚历山大·库钦参与了此次探险，他曾是阿蒙森南极探险队中唯一一位非挪威籍队员，不幸的是，他在西伯利亚北海岸喀拉海的某个地方失去踪迹。同年，海军军官乔治·布鲁西洛夫也进行了类似的尝试，试图率领“圣安娜”号沿着本国北极海岸线自西向东行驶。但是航船被困在浮冰中，布鲁西洛夫和队员死于疾病和饥饿。两名幸存者在绝望中向南行进，到达了安全地带。直到2010年，人们才在弗朗茨·约瑟夫地的海岸发现了少量遗骸，“圣安娜”号上其他船员的踪迹由此浮出水面。在这些命运凄惨的俄国探险队员中，唯一一个以到达极点为目标的是乔治·塞多夫[2]，他出身贫寒，但天赋颇高，靠自身打拼成为一名海军军官。在参加了两次国家资助的北极探险后，他提出了征服极点的建议。虽然政府并未采纳，他还是设法筹集私人资金组织探险队北上。这支探险队很快陷入困境，饱受坏血病的摧残，队员们清楚地意识到抵达极点的概率几乎为零，但塞多夫还是坚持尝试。1914年2月15日，他和两名同伴向北出发，但尚未取得多少进展，塞多夫就去世了。

与此同时，加拿大政府资助了一支探险队，探索尚未绘制在地图中的国土。不幸的是，在这次远征中，死亡、灾难和激烈的争吵无处不在。探险队领队维贾尔默·斯蒂芬森[3]，1879年出生在马尼托巴省的一户冰岛新移民家庭，他原名叫威廉，后恢复使用了冰岛语名。此时，他已经是一名经验丰富的北极探险家，提议探索北极北部和西部已经测绘过的土地，寻找可能被忽略的地方。1913年6月，他和队员乘坐改装过的“卡鲁克”号捕鲸船从不列颠哥伦比亚省出发。9月，这艘船被困在阿拉斯加北部的冰雪中，斯蒂芬森决定带领五名同伴下船捕猎驯鹿。他们刚一下船，聚集在船周围的冰层就开始移动，“卡鲁克”号无法控制地向西漂流，斯蒂芬森便再也没能

维贾尔默·斯蒂芬森

回到船上。此时，“卡鲁克”号只能由船长罗伯特·巴特利特指挥，巴特利特经验丰富，参加过皮尔里的三次探险。1914年1月，“卡鲁克”号沉入冰层，船上的大多数人被困在西伯利亚北部海岸外的弗兰格尔岛。巴特利特和一名因纽特猎人返回阿拉斯加寻求援助，开启了一段史诗般的旅程。待到他们重返弗兰格尔岛时，已经有11人丧生。

斯蒂芬森到达安全地带后，又重新开始探险，几年之后，他确实如愿以偿地发现了新区域，但之前的沉船事故让人们怀疑他故意弃船，他的声誉因此受损（除此之外，斯蒂芬森曾在1921年鼓励四个年轻人登陆弗兰格尔岛，想将这个岛屿划归加拿大，但没能成功。无独有偶，这四个年轻人在此次探险中全部遇难）。

塞多夫的失败和“卡鲁克”号的悲惨结局标志着一个时代的结束。1914年8月，第一次世界大战爆发，在全球冲突的背景下，极地探险者的雄心壮志似乎显得尤为渺小，他们的苦难和牺牲淹没在不同战场的巨大生命损失中。直到战争结束，公众才重新燃起对北极探险的兴趣。

此时，战争中成熟起来的新技术得到了应用，飞机和飞艇也来到了北极。

理查德·E. 伯德[4]出生于一个富裕的美国家庭，其家族血统可以追溯到欧洲早期殖民时期。他的父亲是弗吉尼亚州的政界要员，兄弟是参议员和州长。伯德是一名飞行员，第一次世界大战期间在部队服役，后来兴趣转向极地飞行。1926年4月下旬，伯德和同伴弗洛伊德·贝内特搭乘探险英雄罗伯特·巴特利特的航船，抵达斯匹次卑尔根群岛。一个多星期后，伯德和贝内特驾驶福克三引擎飞机驶向北极点。仅用了15个小时，他们就返回了。两人声称，根据读数，他们到达了极点并绕飞一圈，然后返回斯匹次卑尔根的基地。

伯德（左）和贝内特（右）因飞越北极而被授予国会荣誉勋章

这两个人真的成功到达极点了吗？当时的人们对此毫不怀疑。伯德回到纽约时受到了热烈欢迎，被誉为真正的美国英雄。从那时起，一些专家心存疑虑：福克飞机能在这么短的时间内飞行那么远吗？伯德的导航读数准确吗？也许这两个美国人只到达了距离极点不到50英里的地方，实际上并没有走完全程就折返了。

无论真相如何，在20世纪20年代末，北极上空异常活跃。

伯德驾驶的福克飞机

澳大利亚人休伯特·威尔金斯[5]在他早期参加的北极探险中担任摄影师，还以鸟类学家的身份参加了沙克尔顿的最后一次航行。他一直计划进行一次引人注目的探险，在经历了两次失败后，1928年4月，威尔金斯和他的飞行员同行卡尔·本·艾尔森成功地从阿拉斯加飞到斯匹次卑尔根群岛。此行从美国经北极飞到欧洲，比伯德和贝内特宣称的绕极点飞行晚了两年。

一战结束后，南极点征服者罗尔德·阿蒙森一直尝试驾驶“莫德”号穿越东北航道，还计划完成南森30年前未能实现的任务——乘坐跟随浮冰漂流的船到达极点。1923年，阿蒙森意识到极地探险的未来在空中而非海上，于是将注意力从航船转向飞机。他和飞行员奥斯卡·奥姆达尔试图从阿拉斯加穿过极

埃尔斯沃斯出发前与飞艇合影

点飞到斯匹次卑尔根群岛，但没有成功。两年后，在美国富商林肯·埃尔斯沃斯[6]与飞行员亚尔马·里塞-拉森的支持下，阿蒙森再次尝试从空中飞越极点。探险队乘坐两艘多尼尔飞艇消失在地平线的尽头，与外界失联了三个多星期。1925年6月15日，就在记者准备刊登讣告时，其中一艘多尼尔飞艇上的人出乎意料地返回了。飞艇因引擎故障迫降在斯匹次卑尔根群岛附近的海面上，此前它已经到达了北纬87°14′。飞艇上的所有成员被迫挤在一架救援飞机上，艰难地返回安全地带。

尽管遇到了挫折，阿蒙森仍然下定决心飞越北极点，他联系了意大利飞艇专家翁贝托·诺比尔[7]，请他提供一艘飞艇。诺比尔同意改装一艘已经造好的飞艇，将它更名为“诺

“诺格”号

格”号，并想要一起参加飞行之旅。阿蒙森将诺比尔招募进队伍后，才发现他是一个很难相处的同事。1926年4月，当飞艇抵达斯匹次卑尔根群岛时，阿蒙森和诺比尔之间的关系，以及探险队中挪威人和意大利人之间的关系变得异常紧张。埃尔斯沃斯认为钱可以解决一切问题，他是一个不太靠谱的和事佬。在探险队成员无休无止的争吵中，5月11日，“诺格”号从斯匹次卑尔根群岛起飞，前往阿拉斯加。第二天（也是埃尔斯沃斯的生日），“诺格”号飞越了北极点，五颜六色的国旗纷纷飘落在冰雪上。根据阿蒙森的说法，之前的方案是只使用小旗，但意大利人特立独行，抛出了一面很大的旗帜，差点儿卷进飞艇的螺旋桨，这让挪威人勃然大怒。5月14日上午，任务圆满成功了，“诺格”号在阿拉斯加登陆，探险队完成了所有计划。

在“诺格”号启程前，皮尔里、库克和伯德都声称到达了极点，但这些声明一直争议不断。毫无疑问，阿蒙森和争吵不休的、不同国籍的队员确实飞过了北极点。如果抛开早先那些真假未定的声明不谈，阿蒙森和一起乘坐飞艇的奥斯卡·威斯汀是第一批到达过两极极点的探险家。

---

[1] 克努德·拉斯穆森（Knud Rasmussen，1879—1933），出生于格陵兰岛，毕生致力于了解本地区的地理和人文知识。从1912年起直至去世，他组织的多次探险活动被称为图勒探险。

[2] 乔治·塞多夫（Georgy Sedov，1877—1914），出生在一个贫穷的俄国小村庄，他凭借着运气和智慧，摆脱了自己的出身，成为俄国海军的一名军官。1904—1905年他参加了日俄战争，之后在弗朗茨·约瑟夫地和北极的其他岛屿上进行了多次探险活动。他一心想要征服北极点，但在一次尝试中不幸丧命。

[3] 维贾尔默·斯蒂芬森（Vilhjalmur Stefansson，1879—1962），出生于加拿大，父母从冰岛移民到此。他在北极进行了几次航行，之后领导了极地探险史上颇具灾难性和争议性的一次探险。1913—1916年，加拿大北极探险队中11人丧生，斯蒂芬森因离开了被困冰层的探险主力船“卡鲁克”号而被指控逃避责任，他为自己的行为进行了辩护。20世纪20年代，他继续着北极探险家的职业生涯。

[4] 理查德·E. 伯德（Richard E. Byrd，1888—1957），来自弗吉尼亚州一个富有且极具政治影响力的家庭，作为一位开拓性的美国飞行员，他曾在两极开展过一系列重要的飞行，并组织了远北和远南的重大探险。1926年，他进行了一次有争议的飞行，他声称这次飞行穿越了北极点。两年后，他首次率领探险队前往南极，并于1929年11月飞越南极点。之后，他又组织了四次南极探险，成为美国最著名的南极探险家之一。

[5] 休伯特·威尔金斯（Hubert Wilkins，1888—1958），出生于南澳大利亚，曾多次参加极地探险，在第一次世界大战期间担任飞行员。1928年，威尔金斯组织了自己的探险队，在北极进行开拓性的飞行。同年晚些时候，他将注意力转向南极，并进行了多次空中探险。1931年，他带领"鹦鹉螺"号探险队尝试在北极冰层下驾驶潜艇，但以失败告终。

[6] 林肯·埃尔斯沃斯（Lincoln Ellsworth，1880—1951），其父是一位极其富有的矿主和银行家，对极地探险十分感兴趣。埃尔斯沃斯对南北极的新发现做出了极大贡献。1926年，他资助了阿蒙森飞越北极点的计划，并陪同这位挪威探险家开启飞行旅程。20世纪30年代，他在南极洲进行了一系列探险，南极的埃尔斯沃斯山就是以他的名字命名的。

[7] 翁贝托·诺比尔（Umberto Nobile，1885—1978），意大利工程师，醉心于飞艇研发。在阿蒙森找到他设计一艘可以飞到北极的飞艇之前，诺比尔已经设计并试驾过几艘飞艇。1926年，阿蒙森、诺比尔等人乘坐"诺格"号飞向北极点。两年后，在乘坐他设计的另一艘飞艇从北极返航的途中，飞艇坠毁，诺比尔和其他坠机幸存者成为国际救援任务的对象，阿蒙森在这次行动中丧生。

翁贝托·诺比尔与意大利探险

翁贝托·诺比尔的北极之旅还在继续，他又建造了一艘飞艇，命名为“意大利”号，计划向北飞行，最终抵达极点。1928年5月23日，“意大利”号启航，第二天顺利抵达北极点。返航时，飞艇发生故障，于5月25日在斯匹次卑尔根群岛北部坠落。飞艇上的吊舱四分五裂，队员们被困在冰面上，诺比尔本人也身负重伤。飞艇的外壳是一个充满气体的外部构件，在失去吊舱的束缚后，它飘向北极的天空，被困其中的六个人从此杳无音信。冰上的幸存者建立了营地，用无线电求救，但他们的SOS求救信号没有成功发送出去。

几天之后，第一架救援飞机出发，在接下来的几周内，人们组织了一系列救援行动，努力寻找诺比尔和他的队员。就连与这位意大利人意见不合，觉得他很难相处的阿蒙森也自愿加入了搜寻队伍。6月17日，阿蒙森登上一架飞往斯匹次卑尔根群岛的飞机，但第二天就失去踪迹。后来人们在挪威北部海岸发现了飞机的部分残骸，但没有发现这位传奇探险家的遗体。三天后，空中救援队找到了被困的“意大利”号。救援飞机降落地面，接走了受伤的诺比尔——最初他拒绝在队员还未安全离开的情况下登机。飞行员将诺比尔带到安全的地方后，试图返回营救其他幸存者，可是飞机却在这时不幸坠毁了，只得等待另一名飞行员前来搭救。最后，拯救所有意大利人的是一艘苏联破冰船。

1930年，在极具感召力的吉诺·沃特金斯[8]的带领下，14名勇敢的英国年轻人着手调研经北极地区与欧洲、美国通航的可能性。英国北极航路探险队面临的恶劣条件与曾经困扰早期北极探险者的糟糕情况不相上下。队伍中的奥古斯丁·考陶德自愿单独留下来，在格陵兰冰盖上进行气象观测。他被难以想象的极端天气困在冰冷的居所整整五个月，大部分时间都在漆黑一片中度过。令人惊讶的是，当他最终获救时，竟然尽力保持着理智。沃特金斯的探险队中，考陶德经历了最为严酷的煎熬，而在陆地和空中进行探险活动的其他人，同样经历了危险和灾难。可以说，这次探险是同类探险中的最后一次，沃特金斯在某种程度上是极地探险英雄时代的回归者。1932年，沃特金斯在格陵兰岛海岸附近的一次皮划艇事故中丧生，年仅25岁。

1931年，休伯特·威尔金斯以每年一美元的名义价格租赁了一艘一战时期的旧潜艇，并效仿儒勒·凡尔纳《海底两万里》中的尼莫船长，将潜艇命名为“鹦鹉螺”号，宣布他将在冰面下航行到达极点。但是这项计划从一开始就不顺利，“鹦鹉螺”号在离开纽约港前，已经有一名船员溺水身亡。“鹦鹉螺”号驶入大西洋时，引擎迅速失灵，它在艰难地穿越半个大洋后，被一艘美国海军舰艇救起，拖到爱尔兰的一个港口维修。8月底，“鹦鹉螺”号终于到达了北极的冰层，可直到潜艇即将入水航行时，船长才注意到潜水舵不见了。这一部件对水下控制潜艇至关重要，可能是有人想蓄意破坏此次行动。威尔金斯试图从残骸中抢救出一些部件，探险队的主要资助者、报业大亨威廉·伦道夫·赫斯特却建议他放弃。赫斯特在一份无线电报中劝说道:“我请求你立即返回安全地带，推迟进一步的探险计划，等待更有利的时机，到时带上一艘更好的船。”威尔金斯审时度势，谨慎地放弃了此次探险计划。1931年11月，“鹦鹉螺”号在挪威的一个峡湾沉没了。

[8] 吉诺·沃特金斯（Gino Watkins，1907—1932），他于1927年首次前往北极，当时还是剑桥大学的本科生。三年后，他率领英国北极航路探险队前往格陵兰岛，目的是探索英国和美国之间拟议的北极航线上的未知区域。1932年，他前往南极洲的探险计划落空。沃特金斯回到格陵兰岛后，在一次独自捕猎海豹的航行中丧生。

苏联海空探险与美国冰下探险

沃特金斯和威尔金斯各自以截然不同的方式延续着西方北极探险的传统，苏联也对遥远的北极地区表现出极大兴趣。1917年后，苏联几乎缺席了所有北极地区的事务，一位名叫奥托·施密特[9]的博学大师渴望改变这一现状。1929年，施密特带领一群科学家登上了“塞多夫”号破冰船，前往弗朗茨·约瑟夫地。回国后，他被任命为北极研究所所长，推动苏联探险事业发展。1932年，破冰船“西比里亚科夫”号开启了沿俄罗斯北部海岸线横渡东北航道的首航，它从阿尔汉格尔港航行至白令海峡，但未在白令海峡越冬。

施密特也参与了“西比里亚科夫”号探险。第二年，他又率领“切柳斯金”号远航，试图重现“西比里亚科夫”号的成就。可惜，“切柳斯金”号没有那么幸运，它在航程的最后一段被浮冰困住，离目标越来越远。被困冰层四个月后，“切柳斯金”号被冰层压碎、沉入海底。船上有一人不幸溺水身亡，其他人爬上了冰面。但他们的磨难远未结束，几个星期后，救援飞机前来接应，来回飞行了十多次，才将所有人都带到安全地带。执行救援任务的飞行员们成为第一批被授予苏联英雄称号的人，这一称号后来成为苏联的最高荣誉。

20世纪30年代，获得荣誉称号的飞行员群体成为活跃在苏联新闻头条中的常驻嘉宾，全社会狂热地崇拜这些英雄。与此同时，奥托·施密特用自己的丰富见闻为苏联探险家和科研人员在北极地区的研究提供了新的思路。施密特借鉴南森40年前的构思，创设了苏联北极第1号浮冰漂浮站，后来苏联又陆续建立了几十个漂浮站，利用洋流的原理，由浮冰载着科考人员在北冰洋漂流。

第二次世界大战后，苏联继续大力推动北极探险。1948年，亚历山大·库兹涅佐夫带领团队乘飞机登陆了北极点。

美国人也在努力，他们展示了新技术在北极探险中的重要力量。1954年，美国海军的“鹦鹉螺”号下水，与休伯特·威尔金斯首次尝试冰下航行所乘的潜艇同名。作为第一艘核动力潜艇，“鹦鹉螺”号的水下停留时间比非核潜艇要长得多，可以完成更加艰巨的任务。对它来说，没有什么行动比在北极冰层下航行到极点更能吸引眼球，而这样的任务也可以向苏联展示“鹦鹉螺”号携带武器系统的潜力。1958年8月，在美国人戏称为“阳光行动”的任务中，潜艇在阿拉斯加海岸附近下潜，沿着冰层底部驶向极点，四天后成功返回格陵兰岛附近的水域。

其他美国潜艇也纷纷效仿“鹦鹉螺”号。1958年，在“鹦鹉螺”号到达极点后不久，“鳐鱼”号潜艇也抵达了北极点。

1959年3月，“鳐鱼”号潜艇再次来到极点。这一次，它破冰而出，将前一年去世的休伯特·威尔金斯爵士的骨灰撒在北极点。1962年8月，“鳐鱼”号第三次前往北极点，这次它与美国海军的“海龙”号一起，组成了一支小型护航队。最终，这两艘潜艇在冰下会合，一起在极点浮出冰面。

由此，北极探险进入核时代。

---

[9] 奥托·施密特（Otto Schmidt，1891—1956），出生于现在白俄罗斯的一个德国裔家庭，后来成为苏联科学界的领军人物和著名的北极探险家。20世纪30年代初，他在担任苏联北极研究所负责人时，参加了到达弗朗茨·约瑟夫地的多次探险活动。

第六章

南极 1912—1960

澳大利亚的进展：莫森探险队

澳大利亚最著名的极地探险家是道格拉斯·莫森。他1882年出生在英国的约克郡，孩提时代随家人移民澳大利亚新南威尔士州，后来就读于悉尼大学采矿工程学专业，20多岁就成了有影响力的地质学家。正如我们所知，1907—1909年，他跟随沙克尔顿的“宁录”号探险队首次到达南极。他本可以参加斯科特的第二次探险——他遇见了斯科特，两人进行过深入交流，莫森想以首席科学家的身份加入探险队，而这一职位早已许诺给了爱德华·威尔逊。他也有机会和沙克尔顿一同再次南下，但因计划落空而未能成行。在探险活动如火如荼的1912年，莫森率领自己的澳大利亚探险队奔赴南极洲。如果说斯科特和阿蒙森的探险分别标志着南极探险英雄时代的高潮和结束，那么这次澳大利亚南极探险则为科学探险新时代指明了方向。科学探险并非没有英雄主义因素（早期探险也绝非缺少科学知识的指引），莫森的探险由科学家主导，他本人就是一位科学家，这是以往任何一次探险都未曾有过的。1911年12月，探险队从塔斯马尼亚的霍巴特出发，仅

莫森

仅一个多月后，在莫森命名为丹尼森角的地方建立了营地。丹尼森角的命名是为了纪念商人休·丹尼森，他是探险队的主要赞助人之一。

丹尼森角是公认的地球上风力最强的地方之一，在接下来的两年里，它成了探险队的家园，也是莫森实施雄心勃勃的探险计划的起点。作为一个有远见的人，莫森考虑到了空中探险的需求，并配备了一架维克斯单翼机，这是出现在南极洲的第一架飞机。但是很遗憾，它在到达冰面之前就损坏了，最后还是只能由探险队员驾驶狗拉雪橇完成通往未知世界的旅程。大部分队员从丹尼森角出发，一小部分从建在西边的另一个基地出发。如果不考量科学成果，单从未来声望的角度看，探险队的远东组应该更负盛名。

维克斯单翼机

远东组成员包括莫森、年轻的英国士兵贝尔格雷夫·宁尼斯[1]以及瑞士滑雪专家泽维尔·默茨[2]。宁尼斯的父亲曾是19世纪70年代内尔斯北极探险队的一员。远东组于1912年11月10日出发，目标是绘制丹尼森角以东地区的地图，并收集地质标本。一个月下来，一切进展顺利，直到12月14日发生了悲剧。宁尼斯在穿过一条冰隙时，脚下的雪桥裂开，他坠落身亡。另外两人只得掉头返程，因为绝大部分补给和几条狗随着宁尼斯坠入了冰隙深处。由于缺乏食物，默茨和莫森不得不以剩下的狗为食。他们并不知道，狗肝脏中的维生素A若摄入过量会导致人体中毒，当时的科学知识还不足以解释这一现象。两个人都病倒了，默茨吃的肝脏更多一些，症状比莫森严重。到了1月份，默茨的情况更加糟糕——他感染了痢疾，四肢皮肤脱落，神志不清。1913年1月8日，在一阵胡言乱语后，默茨咬掉了自己的一根手指，陷入昏迷而亡。身患重病的莫森只能独自一

宁尼斯

默茨

工作时的宁尼斯

默茨在冰冷的峡谷中行进

人在冰原上蹒跚前行，此时距离安全地点还有100英里。

莫森的四肢在脱皮，头发大把大把地掉落，脚底的皮肤甚至已经完全剥离身体，需要包扎固定后才能前行。他扔掉了一切无关紧要的东西，只保留了一些地质标本和对这次灾难性旅行的记录，然后每天挣扎着向前走几英里。有几次，他跌入冰隙，但还是设法爬了出来，继续前进。在食物即将消耗殆尽时，他偶然发现了一个堆石标，里面有那些外出寻找他的人留下的补给。这为他回到营地的最后一搏提供了帮助。2月8日，也就是默茨去世一个月后，莫森抵达丹尼森角营地，成为远东小组唯一的幸存者。营养不良和疾病使他面目全非。“天呐！你究竟是谁？”这应该是见到他的人说的第一句话。在队员的照顾下，莫森逐渐恢复了健康，在南极又度过了一个冬天。埃德蒙·希拉里爵士[3]后来称莫森的这段旅程是“探险史上最伟大的生存故事”。

[1] 贝尔格雷夫·宁尼斯（Belgrave Ninnis，1887—1912），出生于英国萨里，曾任皇家燧发枪手团军官，后受莫森邀请加入澳大利亚南极远征队。1912年12月14日，他在探险返程途中坠入冰隙而亡。

[2] 泽维尔·默茨（Xavier Mertz，1882—1913），出生于瑞士巴塞尔，毕业于伯尔尼大学，获法学博士学位，是一名经验丰富的登山运动员和出色的滑雪运动员，1908年赢得瑞士跳台滑雪冠军，1909年获得世界冠军。后受邀担任澳大利亚南极探险队的滑雪教练，1913年1月8日身亡。南极洲的默茨冰川就是以他的名字命名的。

[3] 埃德蒙·希拉里（Edmund Hillary，1919—2008），出生于新西兰，因1953年与另一同伴最早登顶珠穆朗玛峰而闻名于世。几年后，他参加了英联邦跨南极探险队。

“坚忍”号：英帝国横穿南极远征

随着抢登极点之战尘埃落定，像沙克尔顿这样的探险家还有什么机会呢？他不是莫森那样的科学家，他的探险依靠的是惊险刺激、易于达成的目标，这样的经历更容易吸引普通人的眼球。1913年12月，当沙克尔顿宣布英帝国横穿南极远征计划时，设定了一个噱头十足的目标。他将自己的旅程描述为“史上最伟大的极地之旅”，虽不谦逊，但也并非完全失实。他将从威德尔海出发，与五名同伴一道穿越南极大陆到达罗斯海。

1914年8月初，也就是英国对德国宣战的几天之后，“坚忍”号驶离了英国。原本沙克尔顿为了展现他的爱国精神，准备放弃这次远征，将远征资源投入对敌作战，但被告知远征计划不变。弗兰克·怀尔德是沙克尔顿之前探险和1909年极南之地航行中的同伴，此次作为他的副手同他一起出发。当“坚忍”号航行至南乔治亚时，他们才得知这一年威德尔海的浮冰特别厚。沙克尔顿坚持原来的计划，继续向南推进，到了1915年1月，“坚忍”号被冰困住，探险队离原计划的登陆地点越

身着极地服装的怀尔德

来越远。

在接下来的九个月里，其中包括冬季极夜的那几个月，这艘船都在浮冰中漂流。虽然沙克尔顿和队员想方设法挣脱冰层的桎梏，但最终不得不接受被困的事实，他们只能等待浮冰消融。不幸的是，这种做法使他们陷入了更危险的境地——融化的浮冰不断冲击、挤压着“坚忍”号，使它处于摧毁沉没的边缘。10月27日，沙克尔顿下令弃船，探险队撤到浮冰上。仅仅过了三个多星期，“坚忍”号被挤压摧毁，沉入冰下。沙克尔顿和队员们滞留在漂流的浮冰上，接下来的五个月，他们随着浮冰到处漂流，经常能看到坚实的陆地，但就是无法登陆。到了1916年4月初，浮冰不断破裂，探险队不可以再坐以待毙，4月9日，沙克尔顿命令队员们登上他们从“坚忍”号上抢救下来的三艘救生艇。

4月中旬，探险队抵达南设得兰群岛的象岛。在获救机会渺茫、没有其他可行方案的情况下，沙克尔顿出发前往南乔治亚。他曾在1914年访问过当地的捕鲸站，那里成了他们的最后一根救命稻草。他带着五个人登上“詹姆斯·凯德”号救生艇，其余的人则继续留在象岛，听从弗兰克·怀尔德的指挥。沙克尔顿和他的同伴们乘坐这艘23英尺长的船，在可怕的海洋中奋战了16天，最终于5月10日到达南乔治亚。不幸的是，他们只能在与捕鲸站遥遥相对的岛上登陆，“詹姆斯·凯德”号上的两名队员无法继续前进，被迫留在一个临时营地。沙克尔顿与沉没的“坚忍”号船长弗兰克·沃斯利，以及参加过斯科特南极航行、经验丰富的汤姆·克林共同进行最后的努力，他们徒步穿越30英里的高山和冰川，沿途留下记号，告知经过的挪威捕鲸船他们的存在。得益于这种做法，被安置在临时营地

队员为“坚忍”号开路

“坚忍”号被困

被浮冰压迫倾斜的“坚忍”号

“坚忍”号残骸

三艘救生艇向南航行

探险队搭乘救生艇到达象岛

“詹姆斯·凯德”号救生艇

“詹姆斯·凯德”号出发寻求帮助

登陆南乔治亚

救援船驶近，探险队员欢呼

的两名队员获救了。受恶劣天气的影响，在滞留几个月之后，象岛上的怀尔德一行终于获救，并重返了文明世界。尽管经历艰险，此行没有一人丧生。“詹姆斯·凯德”号完成了极地史上最不寻常的旅行之一，现在被收藏于沙克尔顿的母校达利奇学院。

“探索”号出发前经过伦敦塔

此行之后，沙克尔顿还想再组织一次南极探险。他的探险目标并不明确，同时还饱受债务和质疑困扰，但他仍然能够收获媒体和公众的关注。1921年9月17日，一艘经过改装的挪威捕猎海豹船“探索”号，在万众瞩目中从伦敦启航。这艘船打从出发起就问题不断，沙克尔顿在向南航行的途中不得不数次改变计划，以弥补修理引擎带来的延误。11月底，当“探索”号到达里约热内卢时，沙克尔顿的情绪十分低落。一名同行的男子在日记中透露：“非常坦率地说，他不知道自己要做什么。”按照计划，他们本该前往南极岛屿，在那里进行详细考察，但沙克尔顿此时却病倒了。1922年1月5日，沙克尔顿在

沙克尔顿安息处

南乔治亚因心脏病发作去世，年仅48岁。人们原本计划将他的遗体运回英国，但应其妻子的要求，最终将其葬在了南乔治亚岛。毋庸置疑，沙克尔顿是极地探险英雄时代的杰出代表，他的坟墓矗立在古利德维肯公墓，直到今天，还经常有游客乘坐航行于南极水域的游轮前来缅怀。

飞越南极：伯德、埃尔斯沃斯等人

沙克尔顿去世后，其他探险家更加热衷于北极探险，南极探险则重返一个世纪前的状况，主要由捕鲸者和捕猎海豹者掌控。其中影响最大的是拉尔斯·克里斯滕森[4]，他是一名家底丰厚的挪威船主，也是一位捕鲸大亨，曾多次南下航行，还赞助了几次南极探险。

1925—1928年，北极探险和商业活动层出不穷。随着20世纪20年代接近尾声，这一热潮蔓延至南极大陆。许多曾经痴迷于北极探险竞争的人将注意力转向南极。休伯特·威尔金斯先是因其飞越北极的壮举而被封为爵士，后来他又得到了美国报业大亨威廉·伦道夫·赫斯特的资助，飞越了南极洲。据说奥逊·威尔斯执导的《公民凯恩》就是以赫斯特为原型创作的。理查德·伯德凭借他在北极的英勇表现开启了后来的“英雄事业”，如今他希望通过在地球另一端的旅行，提升自己在美国人民心目中的英雄形象。正如伯德在1928年所写的那样：“在飞机揭开南极及其周围地区的神秘面纱之前，航空业无法自称已征服全球。”伯德和他的竞争对手打算完成这一目标，而媒体也急切地将这场新的南极点争夺战宣扬为南极点空中探险。

威尔金斯曾和飞行员卡尔·本·艾尔森一起飞越北极。1928年12月20日，他们开启了南极历史上第一次意义重大的飞行活动（艾尔森一个月前就已经做了试飞，但只飞行了20分钟），飞越了许多未知区域。这次旅行并不像威尔金斯最初设想的那样恢宏，因为飞机未携带足够的燃料，无法按计划前进。然而，正如威尔金斯在日记中所写的那样："人类有史以来第一次从空中发现了新的陆地。"这次飞行的消息很快传到了伯德所在的罗斯海新基地，这个地方与阿蒙森的弗拉姆之家基地相距不远。1928年底，伯德率领着当时规模最大、装备最精良、资助最丰厚的考察队抵达南极，并建立了他称为小美利坚的大型基地。这一基地不仅有探险队员的营房，还有为飞机建造的机库。1929年11月28日，在威尔金斯首飞近一年后，伯德与飞行员伯恩特·巴尔辰[5]、副驾驶兼无线电操作员哈罗德·琼，以及专门记录飞行成绩的摄影师阿什利·麦金利一起出发。他们飞越南极点后返回小美利坚基地，用时不到19个小时。斯科特和探险队员曾为到达南极点经历数月的艰苦跋涉，最终付出了生命的代价，而伯德一行人在一天之内就完成了这一目标。此次，飞机并没有在南极点降落，因为伯德担心，如果飞机降

巴尔辰

贝内特（左）和巴尔辰（右）

落后不能重新升空，他们将没有获救的机会。再说，他们已经证实了飞机的确可以用于南极探险。哈罗德·琼实时发出了无线电信号，这次飞行的消息在任务完成前就已传回美国。

1933—1935年，伯德再次远征南极，这一回他在冰原上遇到了另一个竞争对手——林肯·埃尔斯沃斯。这个人资助过阿蒙森的最后一次远征，此时也将注意力转向了南极。1934年1月，埃尔斯沃斯乘坐一艘以英雄怀亚特·厄普的名字命名的船抵达鲸湾，与伯德的小美利坚基地相距不远。与他同行的有休伯特·威尔金斯和飞行员伯恩特·巴尔辰。威

小美利坚营地

尔金斯将自己的成名之梦寄托在美国富商埃尔斯沃斯的身上，而巴尔辰的任务则是帮助这位美国富商实现他的远大抱负——横贯南极飞行。当年，他们计划使用的飞机在冰原上严重受损，埃尔斯沃斯只好返回美国，第一次飞行尝试以失败告终。很快，埃尔斯沃斯又进行了第二次尝试，这次飞行并未从小美利坚基地出发，而是以另一地点为起点，将小美利坚基地作为飞行终点，但同样遇到了困难。埃尔斯沃斯只得在1935年进行第三次尝试，但需要一名新飞行员，因为伯恩特·巴尔辰已经厌倦了这样的飞行。埃尔斯沃斯招募到了一位名叫赫伯特·霍利克-凯尼恩的加拿大人，此人在一战期间曾是皇家飞行队的成员。11月23日，两人从南极半岛东北角的一个岛屿出发，横穿南极大陆。飞机大约飞行了2200英里，途经的大部分区域在地图上尚属空白，埃尔斯沃斯宣称美国拥有这些空白区域的领土主权。他们还发现了南极洲最高的山脉，埃尔斯沃斯以自己的名字命名了这一山脉。最后，他们到达了小美利坚基地，由于无法通过无线电与外界联系，只能滞留在此，直到一个月后被一艘在鲸湾航行的英国科考船发现，才最终获救。20世纪30年代末，埃尔斯沃斯重返南极进行考察，但取得的成绩再也无法与第一次横贯南极飞行相提并论。

在伯德等人开创南极探险新时代的同时，一位资深探险家——道格拉斯·莫森率领英国、澳大利亚和新西兰南极研究考察队重返南极大陆。他们驾驶着斯科特船长的旧船“发现”号，开展了地质学、海洋学等多个学科的重要研究工作。即便如此，他们还是清楚地意识到，这次远征是为了在南极插上各自的国旗并宣示领土主权。领土测绘与新领土主权宣示密不可分，后来的澳大利亚南极领地正是在此时被绘制和界定的。

英国、澳大利亚和新西兰南极研究考察队是两次世界大战之间，英国参与的为数不多的南下探险之一。自沙克尔顿去世后，公众对此类项目的热情减弱，政府也不愿再提供资金支持。20世纪20—30年代，唯一值得提及的是1934年前往南极洲的英国格雷厄姆地探险队。这支探险队由出生于澳大利亚的约翰·里多克·瑞米尔[6]领导，他曾两次参加吉诺·沃特金斯的格陵兰岛探险项目，探险队主要由私人资助。三年中，瑞米尔及随行人员绘制了未知的海岸线，发现格雷厄姆地实际上只是一个半岛。此前，许多南极专家一直认为格雷厄姆地是一个群岛，由一条海峡贯穿其中，连接罗斯海和威德尔海。英国政府或许不再热衷于极地探险，但很明显，南极洲还有很多地方，甚至它的基本地理情况，都有待探索。

虽然英国退出了南极探险，但仍有其他国家对这片大陆表现出极大兴趣。纳粹德国早已显露出对这片荒芜海岸的痴迷，想要在此开展考古和地理发现活动。海因里希·希姆莱的伪科学研究所——祖先遗产学会曾派出探险队前往斯堪的纳维亚和中欧考察，现在则开始筹划考察南极洲。1938年12月17日，海军上尉阿尔弗雷德·里彻[7]带领探险队离开汉堡。里彻年轻时曾在北极水域有过探险经历。用他的话来说，此行目的是“确保德国在即将到来的世界大国南极争夺战中占有一席之地”。为了实现这一目标，他率领“新士瓦本”号抵达南极大陆的毛德皇后地，挪威此前早已宣布过对该区域的领土声明。德国探险队员无视挪威人的声明，将此地命名为新士瓦本地，并将纳粹旗帜插在雪地上。在1939年4月返回德国前，这支探险队在南极内陆组织了多次飞行活动，并在所飞区域抛撒纳粹标志。

德国与挪威关于此地是毛德皇后地还是新士瓦本地的争端很快就被人们遗忘了，因为世界性的事件接踵而至、将其淹没。

[4] 拉尔斯·克里斯滕森（Lars Christensen，生卒年不详），挪威船主、捕鲸大亨，沙克尔顿“坚忍”号最初的船主。

[5] 伯恩特·巴尔辰（Bernt Balchen，1899—1973），挪威裔美国飞行员，是第一位飞越两极的飞行员，因此获得了哈蒙奖杯。

[6] 约翰·里多克·瑞米尔（John Riddoch Rymill，1905—1968），澳大利亚人，在伦敦求学，曾参加吉诺·沃特金斯领导的两次探险。1934—1937年，他带领英国格雷厄姆地探险队前往南极探险，这支队伍是最后一批主要由私人而非政府资助的探险队之一。

[7] 阿尔弗雷德·里彻（Alfred Ritscher，1879—1963），德国海军上尉，1938年纳粹政权计划远征南极洲，他是为数不多有极地经验的在职军官之一——一战前，他参加过一次小型北极探险——因此被任命为此次远南航行的指挥官。

战后：南极强权政治和福克斯穿越南极

战争期间，南极洲成了无人问津之地，比如1914—1918年，大家都没有南下探险的紧要动机。直到1939年，理查德·伯德开始了人生中的第三次南极探险，这一探险持续到1941年。当时美国参战的可能性越来越大，伯德建立的基地被关闭，探险队员也紧急撤离。1944年1月，曾作为童子军参加过沙克尔顿最后一次远征的詹姆斯·马尔[8]中尉从马尔维纳斯群岛出发，参加了塔巴林行动（英国人发起的南极秘密任务，始于1943年，终于1946年。最初的任务目的是在格雷厄姆地建立基地，后来扩展为进行其他科学研究）。詹姆斯·马尔在南极洲一共建立了三个基地，这些基地成为南极大陆上的第一批永久基地。建立基地在一定程度上可能是为应付德国海军在极地海域的活动，但主要目的还是宣示领土主权。

20世纪20—30年代的许多探险都因领土主张和主权问题而复杂化。这片广袤的冰封荒原的主权如何归属？如何合法确立领土主权？哪些国家在南极洲的哪些地区拥有领土权？伯德、威尔金斯、莫森和克里斯滕森等探险家不仅绘制了数万平方英里（1平方英里约为2.6平方千米）的未知区域，而且他们还明里暗里为各自的国家提出所绘区域的领土主张，现在，南极大陆的部分区域在某种程度上被视为这些国家“所有”。二战之后，南极大陆的区域归属过程变得更加复杂。

毫不意外，美国人在战后的几年中异常活跃。美国南极探险队的人力、资源和雄心壮志都令早期的探险队相形见绌。年近五旬的理查德·伯德参与了美国的大部分探险活动，他的名誉可以为探险队增添声望。1946—1947年的跳高行动出动了13艘舰只、几十架飞机和数千人，同时建立了一个大型基地，其中第四个基地也被命名为小美利坚。同样雄心勃勃的风车行动接踵而至。与此同时，1947年1月，以领队名字命名的罗恩南极研究考察队从得克萨斯州启航。1899年，芬恩·罗恩[9]出生于挪威，年少时移民美国，他的父亲曾跟随阿蒙森进行南极点探险。罗恩参加过伯德20世纪30年代的两次探险，如今成为这支最后一次由私人资助的美国大型南极探险队的负责人。这支探险队主要通过空中勘测，绘制南极大陆上尚未被绘制成图的大片区域，以及尚未被探索的最后一段重要海岸线。探险队证实了人们长期以来的猜想以及瑞米尔在20世纪30年代给出的大致判断——罗斯海和威德尔海之间不存在连接通道。美国在南极洲的活动通过1955—1956年的深冻行

罗恩

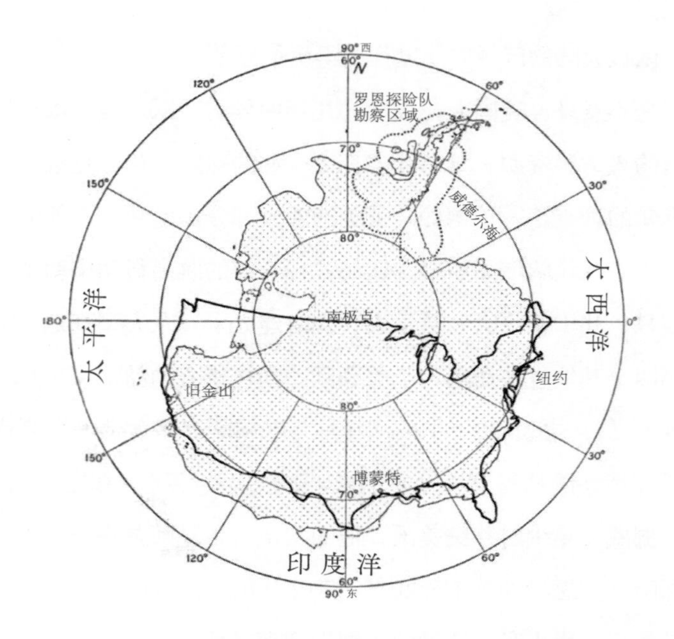

罗恩探险队勘察区域示意图

动达到顶峰，这一行动涵盖了一系列相互关联的考察任务，同样由理查德·伯德全面负责。直到今天，这个称呼一直是美国在南极的行动代号。

遥远的南方也回避不了冷战。此时，苏联开始重拾一个多世纪前在南极洲的既得利益，别林斯高晋1820年的首航被重新审视，苏联基于此提出了优先权主张。1947年，苏联捕鲸船开始在南极水域航行。1955年，在海洋学家米哈伊尔·索莫夫的领导下，第一支由国家资助的苏联探险队抵达南极大陆。探险队的主要任务是在戴维斯海沿岸建立一个永久性的科考站——米尔尼站。科考站名字的意思是“和平”，取自别林斯高晋远征时使用的一艘支援舰名。随着国际地球物理年的到来，这是一项世界各国同时对地球物理现象进行联合观测的活动，苏联又接连进行了两次探险，以配合1957—1958年全球范围内地球科学领域一系列雄心勃勃的研究项目。由此，南极大陆新建了更多的科考站。

在错综复杂的战后年代，由于冷战的紧张局势和主权争端，早期单纯的英雄主义探险似乎无法重现。但是英联邦跨南极探险队想要重温旧梦，这支探险队由英国人维维安·福克斯[10]领导，由英国、澳大利亚和新西兰政府共同支持，虽然不可避免地包含了政治因素，但也可以被视作一种老式的冒险活动，媒体也正是这样宣传的。埃德蒙·希拉里是最早登顶珠穆朗玛峰的人之一，作为探险队一员，他将带领支援小组从罗斯海出发抵达极点，他的加入进一步提高了探险队的名气。1957年11月，福克斯和他的队员离开了威德尔海的沙克尔顿基地，向南进发。同时，希拉里从罗斯海的斯科特基地出发，朝着相同的目的地前进。两支队伍在南极点会师，他们是继斯科特和阿蒙森之后第一批通过陆路到达南极点的人，然后两支队伍一起返回斯科特基地。这是人类历史上第一次成功由陆路横穿南极大陆。

无论媒体如何报道，都无法掩盖这样一个事实：南极洲成了是非之地，各个国家在南极领土主张方面都有潜在争端。适用于南极洲的国际法应运而生，1961年6月，《南极条约》生效。最初的缔约方有阿根廷、澳大利亚、比利时、英国、智利、法国、日本、新西兰、挪威、南非、苏联和美国，这些缔约方在南极大陆有长期利益和主张。迄今为止，这份条约中最重要的条款是保证在南极洲进行科学研究的自由和禁止进行军事活动。自条约缔结以来的半个多世纪里，其他一些国家和地区也签署了该条约，并进一步达成协议，这些协议扩展或修订了原来的条款，但1961年确立的在南极大陆国际交往的基本规则仍然适用。

---

[8] 詹姆斯·马尔（James Marr，1902—1965），曾在阿伯丁大学学习古典学和动物学，多次赴南极探险。他领导了著名的塔巴林行动，在迪塞普逊岛和洛克罗伊港建立了英国基地。

[9] 芬恩·罗恩（Finn Ronne，1899—1980），出生于挪威，20世纪20年代末成为美国公民。他是20世纪30年代理查德·伯德领导的几次南极探险的重要成员。二战后，他担任罗恩南极研究考察队队长。去世前，他一直是美国在南极研究方面的重要人物。

[10] 维维安·福克斯（Vivian Fuchs，1908—1999），生于怀特岛的德国裔家庭，在剑桥大学攻读地质学，1929年参加了一次北极探险。他曾在非洲待过一段时间，二战期间表现出色。之后，他将注意力转向南极地区，并参与了马尔维纳斯群岛附属岛屿的勘察工作。1955—1958年，他担任了英联邦跨南极探险队的领队。

第七章

过去50年的极点

到了20世纪50年代末，实地探索南北两极的任务已经完成。地图上不再留有空白区域，北极点和南极点的周围区域都已绘制成完整地图。然而，这并不意味着南北极已失去吸引力。在过去的几十年里，地球两极的到访者数量远超过去的两个世纪。在南极洲，特定时段内生活着成千上万的人，他们大多是在永久基地中工作的科学家。此前，这里一直是企鹅和海豹的天下。

在两极，尤其是北极，个别冒险家仍能找到探险机会。20世纪50年代，英国人沃利·赫伯特[1]主要待在南极洲进行勘测工作，后来将注意力转向地球的另一端。1968年，他组织了一次从阿拉斯加经北极点到达斯匹次卑尔根群岛的徒步旅行，里程达3500英里。雷纳夫·费恩兹可能是近几十年来最著名的冒险家，他在1979—1982年，与查尔斯·伯顿一起加入了环球探险队，成为第一批通过地面旅行抵达极点的人。

马雷克·卡明斯基出生于格但斯克，在1995年独自完成了同样的壮举，他将1995年的第二次探险戏称为“波兰人在两极”（A Pole at the Poles）。

1969年，女性首次乘飞机抵达南极点。20年后，美国人维多利亚·莫登[2]和雪莉·梅茨[3]成为第一批徒步抵达南极点的女性。1986年，威尔·斯蒂格国际极地探险队成员安·班克罗夫特[4]成为第一位徒步到达北极点的女性。之后，又有许多勇敢的女性追随她们的脚步到达极点。

对于那些准备接受极限耐力考验的勇敢者来说，极地已不仅仅是目的地。由于技术和交通方式的巨大改进，北极和南极成为游览观光胜地。近年来，乘坐游轮前往南极洲的游客人数有所下降，但在2011年11月至2012年4月，仍有近三万人准备前往南极旅行。一面是游轮在南极水域航行，另一面是多家公司竞相提供北极探险度假项目，此情此景与斯科特从南极点返回时被困帐篷的惨烈旅程，以及富兰克林探险队消失在北极荒野的悲壮经历，早已不可同日而语。早期的探险家们时运不济、命途多舛，但如果没有他们的探索——有些成功了，有些则以悲剧收场——世界地图的两端将仍然只是白雪覆盖的隐秘之地，他们艰苦卓绝的历程丰富了人类对赖以生存的地球母亲的认知。

---

[1] 沃利·赫伯特（Wally Herbert，1934—2007），20世纪50年代参与马尔维纳斯群岛属地调查工作，之后又重走南极探险英雄时代的伟大探险家走过的几条路线。1968—1969年，他领导了英国横跨北极探险队，于1969年4月到达北极点，是第一个徒步到达北极点的人。

[2] 维多利亚·莫登（Victoria Murden，生卒年不详），美国人。1989年1月，她成为第一批通过陆上滑行到达南极点的女性之一。1999年，她从加那利群岛的特内里费岛横渡大西洋到达瓜德罗普岛，是第一位独自划船远洋的女性。

[3] 雪莉·梅茨（Shirley Metz，生卒年不详），出生于檀香山，毕业于夏威夷大学，获得海洋生物学学位。她是女子地理学者学会会员，曾获得苏联极地奖章。1989年1月，她成为首批通过陆上滑行到达南极点的女性之一。

[4] 安·班克罗夫特（Ann Bancroft，生卒年不详），出生于明尼苏达州的圣保罗。她于1986年徒步到达北极点，1993年滑雪到达南极点，是世界上首位穿越南北极点的伟大女性。她凭借一系列的壮举，入选美国国家女性名人堂。

阿拉斯加费尔班克斯郊外的牧场

第八章

想象中的极地

文学作品中的两极：
从《弗兰肯斯坦》到贝丽尔·班布里奇

在过去的两个多世纪里，极地不仅是勇敢的探险家们进行探索发现的地理区域，也是诗人和小说家放飞想象的精神空间。玛丽·雪莱的《弗兰肯斯坦》首次出版于1818年，也就是约翰·罗斯第一次远征寻找西北航道的那一年，作者在书中将北极描述为一个寂静荒凉之地，怪物在那里接受死亡的惩罚。早在1798年，柯勒律治在《古舟子咏》中，就将南大洋描述为老水手因杀死信天翁而受到诅咒的地方。从那个时代起，许多作家都从世界上尚未被探索的空白区域寻找灵感。

柯勒律治肖像

对富兰克林探险队的悲惨遭遇以及“幽冥”号和“恐怖”号上探险队员真实命运的持续探究，激发了维多利亚时代许多作家的想象。正如我们所知，狄更斯对此十分痴迷，他并未在小说中表露出来，而是在自己创办的杂志《家常话》上发表了一篇长文《失踪的北极探险家》。狄更斯还积极参与了由他的密友威尔基·柯林斯主演的戏剧《冰渊》，这部戏剧的情节明显借鉴了富兰克林探险队的故事，讲述了探险家在寻找西北航道过程中伟大的自我牺牲。19世纪50年代，这一剧目脍炙人口，维多利亚女王也参与了其中一场的表演。狄更斯不仅改写了剧本的部分内容，还鼓励柯林斯重新编排情节，以突出主角理查德·瓦尔多尔的英雄气概，而狄更斯本人也扮演过瓦尔多尔这一角色。儒勒·凡尔纳的《哈特拉斯船长历险记》以英国北极探险队的队长作为主角，他的形象与约翰·富兰克林爵士颇为相似。

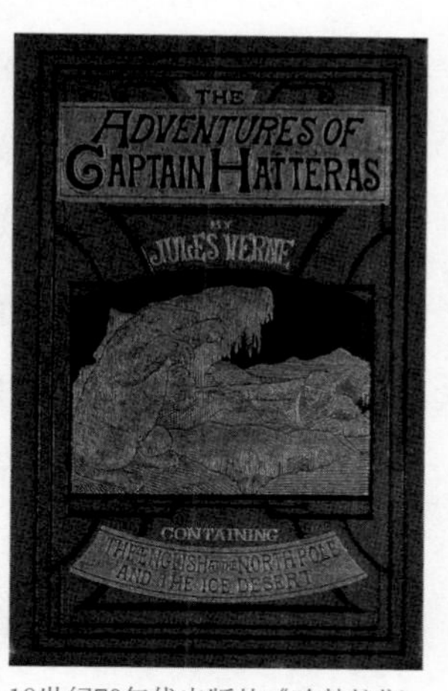

19世纪70年代出版的《哈特拉斯船长历险记》

富兰克林探险队的传奇冒险是19世纪文艺作品的创作源泉，相当多的现代小说也以此为题材。在1992年首次出版的《破碎的大地》一书中，罗伯特·埃德里克极力避免陷入历史后见之明（即历史研究者已知历史的结局）的困境，他不喜欢揭露人性的弱点，也不喜欢用明知故问的口吻来假惺惺地陈述故事。他认为当时的人无法认识到，富兰克林一行人的英雄精神不会从根本上毁灭，相反，人类会逐渐被自身的、必然的、对世界的狭隘假设和无情的自然环境所毁灭，所谓的社会道德价值观念也无法拯救人类。在后来的一本书中，作者运用心理现实主义的笔触，生动再现了探险队无法阻挡的悲剧，描写了他们被困冰层，以及遭受一系列悲惨打击而最终徒劳无获、回归文明世界的旅程。德国小说家斯滕·纳多尼十几年前出版的《发现缓慢》，对富兰克林的经历和威廉·沃尔曼的史诗小说《来复枪》中的探险家形象进行了猎奇但有趣的重建。鲁迪·威伯的获奖小说《发现陌生人》，聚焦富兰克林在19世纪20年代的一次探险。丹·西蒙斯甚至写过一本当代恐怖小说《“恐怖”号》，讲述富兰克林和同伴在穿越北极冰层时，被一个来自因纽特神话的怪物纠缠。

还有小说家以富兰克林救援队为题材进行创作。在安德里亚·巴雷特的《“独角鲸”号的远航》中，主角与现实中的探险家凯恩极为相似。史蒂文·海顿的《往后之地》讲述了另一个虚构的发生在19世纪70年代的探险故事，与历史上真实的探险时间相呼应。

在《冰雪与黑暗的恐惧》一书中，克里斯托弗·兰斯迈尔将两个故事巧妙地交织在一起，一个故事讲述了1872—1874年奥匈帝国的北极探险，另一个故事则以一位当代的、对北极着迷的意大利人为主角，作者创造了一部引人入胜而又动人心魄的作品。加拿大作家韦恩·约翰斯顿的《纽约的探险家》，聚焦罗伯特·皮尔里和弗雷德里克·库克，以及二人谁先到达极点的争议。当然，以北极为背景的惊悚题材小说由来已久，其中阿利斯泰尔·麦克莱恩于1963年首次出版的《大北极》，至今为止仍然是最著名的惊悚小说之一。

与北极一样，南极洲也为创作者提供了丰富的灵感来源，作家们可以在此放飞想象。埃德加·爱伦·坡是最早一批创作实践者，在他仅有的一部长篇小说《亚瑟·戈登·皮姆的故事》中，主人公皮姆到达了遥远的南方，经历海难、哗变，在前往南极点的途中遭遇了神秘事件，至此，本书戛然而止。其他作家，大部分受到爱伦·坡的影响，他们的设想和爱伦·坡有许多相似之处，大多围绕遥远南方的荒凉奇观和潜在的神秘事件展开。凡尔纳1897年出版的《南极之谜》显然是爱伦·坡作品的续写。威廉·克拉克·罗素是维多利亚时代英国著名的海洋小说作家。柯南·道尔在一篇短篇小说开头写道："夏洛克·福尔摩斯的同伴华生医生正在阅读罗素的小说。"罗素1887年创作的《冰冻海盗》，讲述了一名遭遇海难的美国水手随冰山向南漂流的故事，他最终找到了一艘多年前冻结于冰面的海盗船。詹姆斯·德·米勒在1888年出版了《铜筒中的奇怪手稿》，书中勾勒了在一片郁郁葱葱的南方大地上居住的灭绝生物。19世纪90年代，南极洲成为当时流行的"失落世界"系列小说作家们最热衷的故事背景地。

爱伦·坡对霍华德·菲利普·洛夫克拉夫特的影响显而易见，这位恐怖小说作家在20世纪20—30年代开始创作《疯狂山脉》时，同样写到了理查德·伯德穿越南极大陆的飞行经历。《疯狂山脉》最初创作于1931年，当时伯德占据了各大报纸头条。这部小说直到1936年才出版，叙述了一个南极探险的故事：探险队偶然发现了一个未知文明的遗迹，被这种过于骇人和离奇的文明震慑，探险队队员变得精神错乱。洛夫克拉夫特并不是唯一一个迷恋遥远南方的人。20世纪30—40年代美国的通俗杂志上，到处都是关于南极洲的故事，从失踪的尼安德特人到亚特兰蒂斯的幸存者，应有尽有。除了《疯狂山脉》，其中最经典的可能是约翰·W. 坎贝尔的中篇小说《谁去了那儿？》，它于1938年首次发表在《新奇科幻》杂志上。约翰·卡朋特的电影《怪形》将遥远南极洲的一个研究站设置为故事发生地点。

至今，科幻小说对极地题材仍然青睐有加，只是故事情节变得更加错综复杂。例如，金·斯坦利·罗宾逊的《南极洲》是一部凸显环境主题的作品，讲述了在不久的将来，环保主义者和跨国公司对南极大陆的潜力有着截然不同的看法，以此探讨阻碍生态可持续性发展的各种因素。

正如近年来作家们对富兰克林和其他北极探险者的经历着迷一样，其他人也开始从南极探险的伟大故事中寻找灵感。托马斯·肯尼利创作的两部小说均以主人公多年前在南极的经历展开。在《幸存者》一书中，主人公回忆了一次灾难性的探险，这次探险中，领队失去了生命。另一部作品《极光下的受害者》讲述了一桩构思巧妙的神秘谋杀案，背景设定为1909年一次虚构的探险经历。

《生日男孩》是已故的贝丽尔·班布里奇最优秀的小说之一，这本书从几名探险队员的视角审视了斯科特的最后一次探险。另一本同样题材的小说——罗伯特·瑞恩的《冰层惨案》则取材于“特拉诺瓦”号探险。德国小说家米尔科·邦内的《冰冷天国》描述了现实生活中的偷渡者佩尔塞·布莱克伯勒亲眼所见的沙克尔顿的“坚忍”号探险，他在小说中的化名是默斯·布莱克伯勒。

视觉艺术中的极地

关于南北两极的标志性图像，往往出自那些亲历极地荒原的人。在19世纪，许多海军军官接受过专门的制图训练，都是经验丰富的绘图员和水彩画师。这些曾经到过南北两极的军人会将所见所闻绘制下来——其中，乔治·巴克算得上是一位极具天赋的艺术家。将见闻绘制成图的人还有塞缪尔·格尼·克雷斯韦尔和海军少校霍雷肖·纳尔逊·黑德。克雷斯韦尔曾参与詹姆斯·克拉克·罗斯和罗伯特·麦克卢尔领导的北极探险。黑德画下了帕里第三次航行时两艘船在高耸的冰崖下前行的情形，这是整个19世纪最令人回味的北极景象之一。

职业艺术家们也开始根据他们接收到的有关北极的信息展开创作，此时，北极一跃成为19世纪众多画家作品中常见的主题。19世纪20年代，德国浪漫主义画家卡斯帕·大卫·弗里德里希创作了《冰海》。美国画家弗雷德里克·丘奇创作的《冰山》，与他著名的作品《尼亚加拉瀑布》一样，描绘的都是原本无人涉足的壮丽自然景观。1863年，《冰山》在伦敦展出时，他正在创作另一幅极地题材的作品，画中的水手们像富兰克林的探险队员一样迷失在冰冷的荒原。第二年，维多利亚时代最受欢迎的画家之一埃德温·兰西尔展出了《谋事在人，成事在天》，这幅作品描绘了一头北极熊在撕扯一艘失事船只的

《冰山》

船帆，而另一头北极熊的嘴里叼着一名水手的遗骸。很明显，这幅画是根据富兰克林探险队事件创作的。除此之外，维多利亚时代还有许多伟大的艺术家也沉迷于北极题材。

1874年，在内尔斯的远征队启航前，约翰·米莱斯创作了《西北航道》，这幅画描绘了一位头发花白的海员在家中向女儿讲述过去的探险经历，间接描述了富兰克林和其他在北极失踪的探险家形象。美国的威廉·布拉德福德，他本身就是一位北极旅行者，在19世纪60年代数次前往拉布拉多岛和格陵兰岛，带回了一些素材，这些素材成为他创作北极风景画的灵感源泉。布拉德福德曾与艾萨克·伊斯雷尔·海耶斯结伴同行，

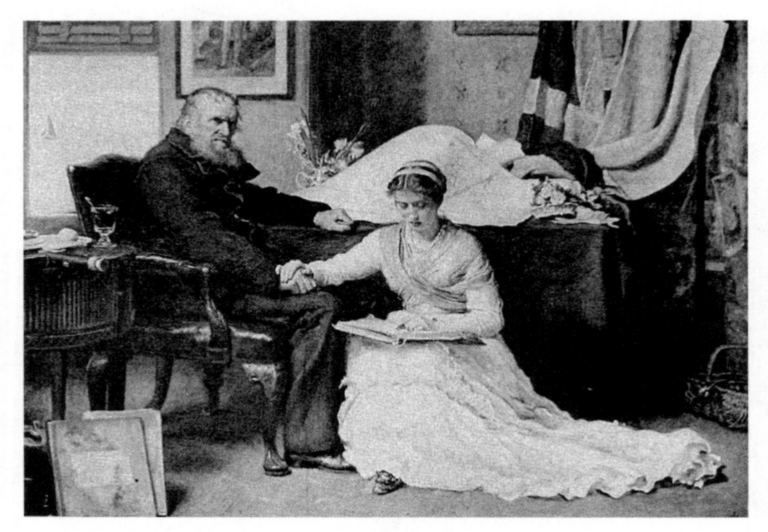

《西北航道》

冰天雪地的荒原给海耶斯留下了不可磨灭的可怕印象。

19世纪以来，摄影技术越来越先进，在南极探险的英雄时代，几乎所有探险队都会聘请专业摄影师。赫伯特・庞廷[1]是为伦敦杂志拍摄异域风景的著名摄影师，曾参加斯科特领导的“特拉诺瓦”号探险。弗兰克・赫尔利[2]是澳大利亚人，曾陪同莫森和沙克尔顿一起探险。庞廷和赫尔利都拍摄了一些南极史上最具标志性的照片。

极地探险的英雄时代恰逢纪录片制作的起步阶段，人们在冰天雪地中与大自然斗争的画面令足不出户的观众激动不已。

在1911—1914年莫森探险和沙克尔顿困难重重的“坚忍”号探险中，赫尔利都随身携带着一部胶片摄影机。1913年和1919年陆续推出的电影《暴风雪之家》与《南方》都采用了他的拍摄素材。在这两部电影之后，又出现了一系列杰出的纪录片，它们将极地荒野真实地呈现在全世界观众面前。1924年的《伟大的白色寂静》取材于庞廷在“特拉诺瓦”号探险队中拍摄的镜头和照片。这部电影在首次发行时并不成功，2011年它被修复后重新发行，获得了广泛的赞誉和追捧。1933年，庞廷创作了有声纪录片《南纬九十度》，上映后，观众反响热烈。1930年，《与伯德共闯南极点》上映，影片在宣传时，采用了夺人眼球的广告语：拍摄于广袤、未知的南极。此片获得了奥斯卡最佳摄影奖。

20世纪30年代，极地题材的虚构电影开始出现。1931年，弗兰克·卡普拉导演了一部名为《飞艇》的电影，由费伊·雷主演（她后来又主演了《金刚》）。本片讲述了一群飞行员竞相抵达南极点，并对雷所饰角色展开爱情追逐的故事。1933年，美国和德国联合制作了一部名为《冰山营救》的电影，开国际电影合作之先河，后来由于纳粹兴起，发展受阻。颇具讽刺意味的是，影片中的一位德国明星莱妮·里芬斯塔尔，后来成了希特勒最赏识的电影导演。这部电影的部分镜头后来出现在环球公司B级电影《北极哗变》中，甚至还出现在极地卡通片中。1930年，华特·迪士尼工作室制作了一支名为《北极滑稽动作》的动画短片，属于“糊涂交响曲”系列。这是一部极具创意的早期作品，描绘了北极熊、海象和一些迷路的企鹅，它们在浮冰和白雪覆盖的大地上翩翩起舞。一些关于南极和北极的观念，即使不太正确，现在也已经牢牢地根植于流行文化中。

1948年，在英国伊灵拍摄的《斯科特在南极》，非常坚定地延续了过去36年里公认的英雄叙事。1985年，剧作家特雷弗·格里菲斯根据罗兰·亨特福德的《斯科特和阿蒙森》创作了一部改编剧本，后据此拍摄了七集电视剧《地球上最后一个地方》，马丁·肖饰演斯科特，斯维尔·安克·奥斯达尔饰演阿蒙森。这一剧集对斯科特的刻画和原著一样尖锐。《红帐篷》是1969年上映的国际合作影片，片中彼得·芬奇饰演翁贝托·诺比尔，肖恩·康纳利饰演阿蒙森，讲述了意大利飞艇的极地之行及其坠毁经过。影片虽以历史事件为依据，但进行了一定程度的改编。

在如今的影视作品中，几乎每种题材都会涉及极地故事。如极地题材的纪录片、科幻剧、儿童电影等，比较受欢迎的包括长篇动画片《快乐的大脚》及其续集、惊悚片《最后的寒冬》等。当然，还有恐怖电影。到了20世纪50年代，南北极成了最受追捧的怪物诞生地，诞生了诸如《原子怪兽》之类制作粗糙的电影。这一趋势一直延续到今天，从《三十极夜》中长时间潜伏于黑暗中的吸血鬼，再到挪威电影《死亡之雪》中的僵尸，奇怪而可怕的生物隐匿于我们仍然无法完全认知的白色荒野。

[1] 赫伯特·庞廷（Herbert Ponting，1870—1935），许多南极探险极具标志性的照片都出自庞廷之手，他是斯科特“特拉诺瓦”号探险队的官方摄影师。他出生在英国的威尔特郡，成为摄影师之前，曾是加利福尼亚州的果农。在斯科特大本营一间小屋的暗室中，他冲洗了1000多张记录这次探险的照片。

[2] 弗兰克·赫尔利（Frank Hurley，1885—1962），出生于澳大利亚悉尼，在当地的一家摄影公司工作，后来加入莫森的澳大利亚南极考察队，担任探险队官方摄影师。1914—1917年，他在沙克尔顿的英帝国跨南极探险队中担任摄影师。赫尔利还曾在两次世界大战中担任官方战地摄影师。1929年，他作为英国、澳大利亚和新西兰南极研究考察队成员重回南极。和庞廷一样，赫尔利在所谓的南极探险英雄时代拍摄了一些极具纪念意义的照片。

参考书目

Beattie, Owen and Geiger, John, *Frozen in Time: The Fate of the Franklin Expedition*, London: Bloomsbury, 1987

Berton, Pierre, *The Arctic Grail: The Quest for the Northwest Passage and the North Pole 1818-1909*, London: Viking, 1988

Bown, Stephen, *The Last Viking: The Extraordinary Life of Roald Amundsen*, London: Aurum Press, 2012

Brandt, Anthony, *The Man Who Ate His Boots: Sir John Franklin and the Tragic History of the Northwest Passage*, London: Jonathan Cape, 2011

Cherry-Garrard, Apsley, *The Worst Journey in the World*, London: Penguin, 1970(first published in 1922)

Crane, David, *Scott of the Antarctic*, London: HarperCollins, 2005

Day, David, *Antarctica: A Biography*, Oxford: Oxford University Press, 2013

Fiennes, Ranulph, *Captain Scott*, London: Hodder, 2003

Fleming, Fergus, *Barrow's Boys*, London: Granta, 1998

Fleming, Fergus, *Ninety Degrees North*, London: Granta, 2001

Henderson, Bruce, *True North: Peary, Cook and the Race to the Pole*, New York: WW Norton, 2005

Holland, Clive(ed.), *Farthest North: A History of North Polar Exploration in Eye-Witness Accounts*, London: Robinson, 1994

Huntford, Roland, *Scott and Amundsen*, London: Hodder, 1979

Huntford, Roland, *Shackleton*, London: Hodder, 1985

Nansen, Fridtjof, *Farthest North*, London: Duckworth, 2000(first published in 1897)

Riffenburgh, Beau, *Nimrod: Ernest Shackleton and the Extraordinary Story of the 1907-09 British Antarctic Expedition*, London: Bloomsbury, 2004

Riffenburgh, Beau, *Racing with Death: Douglas Mawson, Antarctic Explorer*, London: Bloomsbury, 2008

Scott, Robert Falcon, *Journals: Captain Scott's Last Expedition*, Oxford: Oxford University Press, 2005

Shackleton, Ernest, *South: The Story of Shackleton's Last Expedition 1914-17*, London: Century, 1986(first published in 1919)

Solomon, Susan, *The Coldest March: Scott's Fatal Antarctic Expedition*, New Haven: Yale University Press, 2001

Spufford, Francis, *I May Be Some Time: Ice and the English Imagination*, London: Faber, 1996

Turney, Chris, *1912: The Year the World Discovered Antarctica*, London: Bodley Head, 2012

Williams, Glyn, *Arctic Labyrinth: The Quest for the Northwest Passage*, London: Allen Lane, 2009

Williams, Glyn, *Voyages of Delusion: The Search for the Northwest Passage in the Age of Reason*, London: HarperCollins, 2002